罗 金—著

当你努力的时候，

有没有感觉

被世界遗弃的孤独

中华工商联合出版社

图书在版编目(CIP)数据

当你努力的时候,有没有感觉被世界遗弃的孤独 /
罗金著. --北京:中华工商联合出版社, 2016.10

ISBN 978-7-5158-1788-0

Ⅰ.①当… Ⅱ.①罗… Ⅲ.①人生哲学–通俗读物
Ⅳ.①B821-49

中国版本图书馆 CIP 数据核字(2016)第 233978 号

当你努力的时候,有没有感觉被世界遗弃的孤独

作　　者：罗　金
责任编辑：吕　莺　李　巍
装帧设计：天下书装
责任审读：李　征
责任印制：迈致红
出版发行：中华工商联合出版社有限责任公司
印　　刷：北京柯蓝博泰印务有限公司
版　　次：2017 年 1 月第 1 版
印　　次：2017 年 1 月第 1 次印刷
开　　本：640mm×960 mm　　1/16
字　　数：280 千字
印　　张：16.5
书　　号：ISBN 978-7-5158-1788-0
定　　价：38.00 元

服务热线：010-58301130
销售热线：010-58302813
地址邮编：北京市西城区西环广场 A 座
　　　　　19-20 层,100044
http://www.chgslcbs.cn
E-mail:cicap1202@sina.com(营销中心)
E-mail:gslzbs@sina.com(总编室)

工商联版图书

凡本社图书出现印装质量问
题,请与印务部联系。
联系电话:010-58302915

1

"一个人奋斗的路上,你是否感到孤独?"

——当我在"豆瓣"、"知乎"网站上发出这个提问后,短短几天我的"豆邮"几乎被"刷爆"。

"考研的时候,整个宿舍都在睡懒觉,我要起来背单词,读英语,早上六点就从床上爬起来,洗漱去自习室,从早晨起床,到离开宿舍,没有人和我说一句话,因为大家都在睡觉,我感觉我被他们排斥了。"

"一个人学习数学建模,一个人准备托福考试,一个人对抗枯燥的专业课。总是一个人走在路上,总是感觉那是一条黑暗、凄冷的路。我是多么不想听到别人这么说:走入社会的时候,那条路会更难走、更孤独。"

"我现在在实习,下班后一个人去做家教。每天早上七点多出门,晚上十点多回到学校,这样的生活循环复始,有时候一个人确实觉得很孤独。"

"我背着电脑、抱着文件蹲在地铁站,看朋友们在微信上'约饭',却没人叫我,我口袋里还有两个'旺旺仙贝',晚上,要么就吃这个……"

……

为什么我越努力,却越感到孤独?

为什么我在努力的时候,有种被世界遗弃、被身边人排斥的无助和落寞?

2

一位32岁的设计师这样回答我:"这很正常,我大学四年始终没有找到女朋友,也不玩网络游戏。有些时候甚至被人说成清高自傲。但这又有什么关系?一个人可以无拘无束、无牵无挂,想着自己青春里该想的事,做着自己该做的事,年轻时就该好好奋斗,不用陷入社会上的泥淖。真正的强者,懂得忍受孤独,懂得规划生活,懂得一个人的生活,才是最重要。你努力过,才会知道自己的价值,才明白自己最真实的追求。"

"与众不同"的背后,是无比孤独的努力。

我想起前些天看到过的一篇文章,那篇文章我并没有仔细看,但是它的标题吸引了我的注意,意思是,从18岁到25岁这几年是最苦的日子,这让我不禁有些感慨。

美国有位著名的心理学家,埃里克森(ErikHErikson),在他对人类心理发展阶段的理论研究中提到,人的一生会经历各个不同的阶段,每个阶段有着不同的身心发展的任务,如果在当下的阶段很好地完成了这一发展任务,那么在之后的人生过程中将更为顺利。倘若在过去的发展阶段里总是磕磕碰碰的,那么在之后的生活中多多少少会有一些残留的痕迹。

你必须知道,每一件"与众不同"的绝世好东西的获取,其实都是以无比孤独的勤奋为前提的,要么是血,要么是汗,要么是大把的曼妙青春时光。

你必须承认,在18岁到25岁,你的生命中大部分时光是属于孤独的,而努力成长,是在孤独里可以进行的最好的"游戏"。

3

鉴于此,我精心选择了10位朋友的故事。这10位朋友,并不一定都是大众眼里的"成功者",但是,他们会用真实的故事告诉你,关于人生中的转弯:告别,妥协,原则,裂痕……

这是青春的敌人,也是成长的代价。每个优秀的人,都有一段沉默的时光。那一段时光,是付出了很多努力,忍受孤独和寂寞,不抱怨、不诉苦,日后说起时,连自己都能被感动的日子。

人一步一步地走下去,不抗拒生命交给我们的重负,才是一个勇者。到了蓦然回首的那一刻,生命必然给我们公平的答案和乍喜的心情,那时的"山"和"水",又恢复了"是山是水"的境界,而人生已然走过,回首望去,这是多么美好的一段历程。

愿你有前程可奔赴,也有岁月可回头。愿你把自己的生命,交付给更多滚烫的和未知的可能性。

目 录
Contents

第三章　不要在你还没有努力的时候,就断言这个世界的不公　53

"我忽然感觉到了一点幸福。虽然目前的生活不是我想要的,但是我想,明天不就像那个传说中的'戈多'在被我无限等待着吗?无论它是否会到来,但是——希望在明天。"

——阿刚,男,30岁

第四章　意志力只是一个神话,赐予你力量的是"激情"的驱动　77

"如果不是爱你所做的事,你如何能一日又一日地投入自我的心力与时间?就像,如果不是因为爱这个人才与其结合,那如何对抗婚姻中的琐碎、压力以及漫长岁月所带来的疲惫?"

——许村,女,28岁

第五章 如果你的"资源"贫乏,请学会用"人缘"加分 103

"我知道自己不是一个足够机灵的女孩,很可能在下一次的相遇里又害羞得什么也说不出来,但是,我不能因此就逃避坐电梯,逃避与上司相遇,如果我一直不努力,那么,很有可能,我只配爬一辈子楼梯。"

——林毓,女,25岁

"其实开饭店很像女人找对象,一定要有自己的'招牌菜',才能成功。你迁就男人的口味,到最后他的口味变了,你怎么办?"

——李媛媛,女,31岁

"我永远感谢她错误的感激,还有她说过的这是'我们的城市',还有她那些平淡的琐碎的小希望。我从她身上学到,做人不可以太挑剔,再宏伟的目标也要从养活自己做起。"

——徐宁,女,27岁

"闲适散淡的生活是从哪儿来的?还不都是'拼命'完成了这些学业之后才有的'小憩'。所以,不存在无条件的宽容,更没有随心所欲的自由,正所谓'你必须非常努力,才能看起来毫不费力'。"

——王大钱,男,23岁

第 一 章

你那么年轻，
还不懂努力奋斗的意义

"秣马厉兵"的"孤独"

（现身说法：谢尚龙，男，26岁）

每个人都有许多故事，而对于我而言，考研是其中最浓墨重彩的一个。

考研是我读本科时刚进校门就有的想法，虽然那时并没有多少对"研究生"的概念，但还是觉得自己应该去尝试。有了这样的想法，接下来要做的事便是积蓄能量，我对英语和专业课所花费的功夫难以估计。当时，我的QQ签名也改成"秣马厉兵"。折磨着我的那本剑桥英汉词典都被我翻成了一副"老鼠啃过"的样子，我的一位老师说这就是学英语"发了狠"的表现。

我不算"考研大军"中最努力的人，因为我早上不能及时起床。每天6小时的睡眠成了常态，如果夜里2点睡我就早上8点起，夜里1点睡我就早上7点起，中午休息半个小时，一天只有6个半小时的睡眠时间。因为晚上10点之后我的精神最佳，所以在自习室里我往往是最后走的人：做不到最早来自习室，至少我还可以最晚离开自习室。

中午的时候,我宿舍里的人并不会午休,他们照样打牌、看电影,声音很吵,我也无法在宿舍午休。一次,他们在看动作电影,声音很大,我忍无可忍地吼了他们几句,现在想起来真不应该。

结果,从那以后,每天晚上,当我一个人从自习室回到宿舍后,没人理睬我,仿佛我不存在似的。我不知道,是他们有意疏远我,还是不想打扰我,总之,那段时间,我有一种深刻的体验,那就是孤独感和被遗弃感。

其实,从大一到大二,我和同宿舍的人关系都相处得很融洽,大家一起上课,一起玩游戏,一起睡懒觉,一起吃饭。我没有感觉过孤独。而当我决定考研的时候,我就深刻地体会到了这种感觉。我也时常问自己,考研干吗?整个宿舍里就你一个人考研,你不觉得孤独吗?研究生毕业了,也不一定能找到好工作啊。

虽然我的心里充满了孤独感与无助感,但是为了实现自己的梦想,最终我还是选择了坚持。毕竟从跨进大学的校门那一刻开始,我就告诉自己要好好学习,为大四的考研打好坚实的基础。

我想,当你决定努力地做一件事情的时候,就是你试图从一个熟悉的"圈子",进入另外一个在你看来更优秀的"圈子"时,当"新圈子"尚未接纳你,"旧圈子"你已远离,故而就产生了孤独感和被遗弃感。而这种感觉一直持续到我拿到了研究生录取通知书。

那一刻,我才发现,我曾经感受到的那些被遗弃的孤独感,在我通过努力实现梦想的时候获得的幸福感面前,都不算什么。而同时,我还明白了,所谓的"遗弃",只不过是不同的人选择了不同的道路,并没有谁遗弃了谁。

人生没有设计，离挨饿只有三天

我经常听到身边的朋友讲这样一些话："我很迷茫……""我后悔了……""如果时间重来，我一定会……"

那么，你是否也会经常抱怨老天的不公平、生活压力繁重、人际关系难处、工作不如意等烦恼呢？"新东方"创始人之一徐小平曾经说过一句颇有哲理的话："人生没有设计，你离挨饿只有三天。"这话虽然有些夸张，但在竞争如此激烈的当今社会，"人生需要规划"已经是毋庸置疑的思想理念。

但实际情况却是，世界上有60多亿人口，能按照自己的意愿生活的人少之又少，为什么会这样呢？

让我们借用哈佛大学的一个著名试验来说明：

20世纪中叶，一位哈佛大学的著名社会学教授访谈了1000名即将毕业的本校学生，问了他们一个很简单的问题，即"您对自己的人生有没有清晰的人生规划"。

得到的结果是：只有很小一部分(不到4%)学生说对自己的人生拥有清晰的规划；一部分(约占16%)的学生虽然有规划，但不是很清晰，一大部分(约80%)的人则毫无规划。

30年过去了，那位执着的教授又回访了这些学生，除了35位学生由于离世或其他原因未能联系到以外，其他965名学生都取得了联系。该教授通过对他们的健康、家庭、事业、情感、财务等多项指标的统计，发现了一个很有趣也很惊人的结果。

数据表明,当年毕业时那些拥有清晰人生规划的学生,在以上的各项指标中得分都是最高的,他们不仅拥有健康的身体、美满的家庭、成功的事业,还获得了平衡的心灵和令人羡慕不已的财务自由;而那些有模糊的人生规划的人,他们多成为各行各业中的专业人士,虽然其中不少人薪水较高,但健康、家庭与心灵等诸多方面产生了不少矛盾,身心疲惫成为他们普遍的特征。

当然,在回访的人群中所占人数最多的是当年80%以上的没有任何规划的人,他们一般是工作几年之后,一旦衣食无忧就不再持续努力了,所以,他们中大多数人都只能长期作为一名平凡的职员、技术人员或销售人员,而不能取得非凡的成就,甚至还有不少人靠政府的失业救济金勉强度日。

可见,就连哈佛大学这样的世界名校也不能保证每个人都成功,更何况我们芸芸众生,如此多的普通人。

那么,我们如何才能成为像那4%的人一样拥有完美人生的"幸运儿"呢?关键就在于你对自己一定要有清晰的人生规划!

没有计划的人往往被规划掉,而用心规划的人生才更容易成功。

有这样一个故事:1944年,美国洛杉矶郊区的一个没有见过世面的15岁少年约翰·戈达德在"一生的志愿"表格上认真地填写了127个目标。这些目标包括:到尼罗河、亚马逊河和刚果河探险;登上珠穆朗玛峰、乞力马扎罗山和麦特荷恩山;骑上大象、骆驼、鸵鸟和野马;探访马可·波罗、亚历山大一世走过的道路;驾驶飞行器起飞降落;读完莎士比亚、柏拉图和亚里士多德的著作;写一本书……

写完后,他给每个目标编号说:"这就是我的生命志愿,我要用自己的生命去一一完成!"

16岁那年，他和父亲到了乔治亚州的奥克费诺基大沼泽和佛罗里达州的艾佛格莱兹探险,他完成了列表上第一项任务；

18岁的秋天,他踏着满地落叶离开了自己的家乡；

20岁的时候,他成了一名空军驾驶员；

21岁的时候,他已经到21个国家旅行过；

22岁,他在危地马拉的丛林深处发现了一座玛雅文化的古庙。同年,他成为"洛杉矶探险家俱乐部"有史以来最年轻的成员……在亚马逊河探险时,他几次船毁落水,差点儿死去；在刚果河,他几乎葬身鱼腹；在乞力马扎罗山上,他遇到雪崩,甚至被凶猛的雪豹追逐。在将近60岁的时候,他已经实现了127项目标中的106项。这对一个普通人来说实在是一个奇迹。

"想赚1亿元的人和想赚100亿元的人,他们赚钱、花钱的方式肯定不一样；想攻读博士学位的人和一心盼着毕业就踏入社会工作的人,在学习的量和质上是一定会有很大差距的。"这个差距的原因,就在于你如何规划自己的人生。当你有了规划,人生才不会迷茫。有了人生的规划,我们不仅能清楚自己现在所处的位置,更能清楚自己下一步所要迈出的方向。

选择工作,实际上是在选择一种价值体系

现实生活中,许多人都面临着"两难"的困境:他们所从事的职业收入丰厚,但是却痛恨自己所贩卖的产品或提供的服务。这种人

生价值和工作价值的冲突，使他们的身心受到了伤害，唯一的解决方式就是寻找一种职业，让它与你所拥有的价值观相互协调。

如同公司需要长远发展战略一样，个人也需要目光远大，以便使自己的未来能够保持平衡，拥有足够的活力。

职业价值观也叫工作价值观，是价值观在人们所从事的职业上的体现，或者是人们在职业生涯中表现出来的一种价值取向。职业价值观是个人对某项职业的价值判断和希望从事某项职业的态度倾向，即个人对某项职业的希望、愿望和向往。

职业价值观表明了一个人通过工作所要追求的理想是什么，是为了财富，还是为了地位或其他因素。不同的人有不同的价值观念，而拥有不同价值观念的人适合从事不同的职业或岗位。如果在制订职业生涯规划、选择职业时，没有考虑自己的价值观念，选择了不适合自己的职业，就很难在这个岗位上工作下去，当然也就谈不上事业的发展。因此，认真分析和了解个人的职业价值观，对正确开展职业生涯规划有重要的意义。

我们常常需要做出这些选择：是要工作舒适轻松，还是要高标准的工资待遇？要成就一番事业，还是要安稳太平？当两者有矛盾冲突时，最终影响我们决策的是存在于内心的职业价值观。可见，职业价值观对职业生涯的影响是高层次的、深远的。

张大亮在一家知名的大公司工作，有着高职位、高工资和高待遇。可是后来他选择自己创业当老板。他觉得，在公司里整日疲于应付、平衡各种人际关系，使得自己身心疲惫，没有了做事的激情，始终有种挫败感。因此，这份在别人看来"十分诱人"的工作对他而言就变得毫无意义，最终他选择了离开。

这个事例说明，当选择工作时，你实际上是在选择一种价值体系，是在选择处理人际关系的方式和生活方式。

当你的价值观和你的工作相吻合时，你会觉得自己的工作很有意义；反之，你会觉得缺少些什么，而且这种失落感通常是金钱、权力、名誉等外在事物所不能弥补的。因此，在工作中，我们选择去留，看上去是为了经济利益，其实根本上是价值观在起作用。

不同时代、不同制度环境甚至不同的自然条件下人们都会有不同的职业价值观，即使以上条件相同，不同的人也会因为各自的成长环境、教育背景、个性追求等差异而形成不同的职业价值观。作为人们对职业的一种信念和态度，职业价值观往往决定了人们的职业期望，影响着人们对职业方向和目标的选择。

3个工人正在砌一堵墙。有人过来问他们："你们在干什么呢？"

第一个人没好气地说："没看见吗？在砌墙。"

第二个人抬头笑了笑，说："我们在盖一座高楼。"

第三个人边干边哼着歌曲，他的笑容很灿烂、很开心："我们正在建设一个新的城市。"

10年后，第一个人在另一个工地砌墙；第二个人坐在办公室里绘图纸，他成了一名工程师；而第三个人，他是前面两个人的老板。

同样的工作，同样的环境，因为价值观不同，所以每个人产生了不同的感受，这也决定了他们未来的成就。这个故事告诉我们，一定要找到与自己的价值观相契合的职业，那样你才能在工作中寄予自己的理想，从中实现自己的价值。

工作价值观通常都是与某种职业紧密相连的，并且工作价值观也可以成为在你和工作之间进行匹配的基础。

在确定职业方向时,你可以进行以下测试。请试着把下面6个词语进行排序,这可以帮你了解如何利用价值标准中的观点,对职业的具体内容及要求进行分析:

(1)成功。

如果你的满足感来自于"成功"这个价值,那么你所从事的工作应该是你最擅长的事情,能让你发挥最大的能力,或者是你曾经接受过专业培训所要做的事情。在你的工作中,你会看到自己努力的成果。通过频繁开发新项目、得到新奖励,你会从中感受到成功的喜悦。

职业范例:生物学家、药剂师、律师、主编、经济学家、公务员。

(2)认同。

如果你的满足感来自于"认同"这个价值,那么你应该寻找那些有好的提升机会、好的声望,并且有潜在的成为领导的机会的工作。

职业范例:大学行政人员、音乐指挥、劳动关系专家、飞机调度员、制片人、技术指导、销售经理。

(3)独立。

如果你的满足感来自于"独立"这个价值,那么你应该寻找的是那种靠你的主动性去完成的、能让你自己做主的工作。

职业范例:政治学家、作家、有毒物质研究专家、IT经理、教育协调员、教练。

(4)支持。

如果你的满足感来自于"支持"这个价值,那么你要寻找的工作应该是那种成为员工有力后盾的公司,其主管的管理方式会让员工觉得很舒服。那种公司应该以其令人满意的公平的管理体制而著称。

职业范例：保险代理人、测量技师、变压器修理工、化学工程技师、公益事业经理、防辐射专家。

（5）工作条件。

如果你的满足感来自于"工作条件"这个价值，那么在找工作的时候，你应该考虑薪水、工作稳定性，以及良好的工作环境。另外，找工作的时候还要考虑它是否与你的工作模式相适合。比如，你是喜欢整天忙碌，还是喜欢独立工作，又或者喜欢每天都可以做很多不同的事情。

职业范例：保险精算师、按摩师、打字员、心理辅导师、法官、会计师、预算分析员。

（6）人际关系。

如果你的满足感来自于"人际关系"这个价值，那么你应该寻找那种同事很友好的工作。这种工作能让你为别人提供服务，不需要你做任何违背你的"是非观"的事情。

职业范例：人力资源经理、语言教师、牙科医生、牙齿矫正医师、公共健康教师、运动培训师。

"面试"，是职场人士将要伴随一生的"恋人"

当你把"工作希望"投递出去，在忐忑中等来面试通知，结果却是面试被拒时，大部分人是这样认为的："哎，这次我又失败了，下次失败是在什么时候呢！"

其实，人一旦有了这种"灰色心理"，就很容易一蹶不振。此时，为何不这样想:"我现在又多了解了一些关于这个岗位的情况,离这个职位又近了一步"。

应该这样看待面试:面试对你而言只是一个锻炼的机会而已,应聘成功或失败都是判断你这次面试是否成功的唯一标准。面试失败的原因主要有两种:一是你能力不够,达不到公司对此职位的期望;二是你没有发挥出正常水平,你的表现与你的能力不相匹配。

一次面试失败,并不能代表什么,哪有不面试几次就能找到一家"凑合"的公司的。此时,最重要的是不要气馁,须知成功本来就是一个逐步积累的过程。在失利的过程中逐步学习,学习各种技能,吸取失败的教训,学习应聘的技巧。面对日益加剧的职场竞争趋势,人只有不断学习,有针对性地"充电",不断补充新的"血液"才能满足不断变化的职场需求,避免遭遇淘汰的厄运,驰骋于风云变幻的职场。

彭顺的职业梦想是去某国际知名公司工作,他甚至偷偷告诉朋友:"哪怕去做一个小小的保安都行,只要能够'加盟'那家公司,便实现了我至今为止最大的心愿。"

每当有那家公司的招聘信息,他总是特别地留意。一旦有适合自己的职位空缺出现,甚至是自己离职位要求有偏差,彭顺都会精心准备,然后"混进"浩浩荡荡的求职大军。遗憾的是,彭顺总是不能如愿,总会由于这样那样的原因,被那家公司拒之门外。原因无非是他学历不够、经验不足之类,有一次面试主考官甚至直截了当地说:"小伙子,想进大公司可不是那么容易的,没有能力,面试100次也没用。"显然,主考官已经认识彭顺这个"熟客"了……

可彭顺依旧不气馁,他不断地"充电"提升自己,期望在未来的面试中获得先机。当然,在一些朋友的建议下,彭顺不再"胡子眉毛一把抓"，而是缩小了求职意向的范围。

前不久，彭顺又去那家公司面试时，他想争取的是业务员的职位。这是他第11次去那家公司面试，不过这一次结局和前10次不一样，他被录用了。事后，彭顺询问已成为同事的面试主考官，为什么第11次给了他机会？那位主考官说："在屡败屡战的求职中，你不忘适时'充电'和调整，这是很难得的。更为可贵的是，你在同一个地方跌倒了10次，仍然能勇敢地面对，这种'不服输'的精神实在让人赞赏和钦佩。"

面试是职场人士将要伴随一生的"恋人"，需要我们耐心去经营。可是，许多求职者却缺乏耐心，他们在第n次失败后就没了第$n+1$次努力的欲望。其实，人只要有继续努力的欲望，再加上正确的解决问题的方法，他离成功就不远了。

在面试失败的时候，你需要注意以下几点：

(1)总结自己面试失败的原因。

找出自己面试失败的原因只是第一步，也是你应从面试失败中学到的最基本的东西，而面试失败能为你带来的最大转机，是它赋予了你一个重新进行选择、重新塑造自己的机会。

当然，面试失败是对事件的评判，从某种意义上说，是你自己、社会和他人对结果的一种解释。在你从失败中汲取力量、重新驾驭自己的人生航向时，不仅要学会客观地寻找其失败的原因，尤其重要的是，要用积极的眼光看待过去，从中寻找成功的"种子"。

(2)不要让"输"的感觉影响自己。

一位著名的网球运动员在谈及失败时说："不知怎么，在我们心中输的感觉都比赢的感觉更强烈。"任何一个"运动员"都明白这点，都必须"搏击"这种情绪。你可能打了10个好球，失了最后一个，但最后的"失球"的场景会在你的脑海里反复显现,我们都把"输"看得比"赢"更重。因此,面试失败后,我们一定要清除自己心中这种"输"的感觉。

(3)从面试失败中总结经验。

人生是个不断探索的过程,失败有时并不是由于你的能力、学识的不足,而是由于你错误地选择了目标。而"失败"正是给予了你一个重新思考、从错误中解脱的良机。

许多职业咨询师认为,一个人一生中至少要经过两三次转换,才能最后找到适合自己特长的事业;而确定自己合理的目标,则需要同样长的一段时间。

生活往往借"失败之手",促使你进行一次次的探索和调整。然后,才会让你找到真正的事业发展的方向。

生活的开始,是拥有一项能力

人生一世谁不想"混出个人样"来?但为什么一些原本很有优秀潜质的人却终其一生也未能成功?为什么会有这种现象发生呢?

因为他们不了解自己的优势是什么,故而常常过高或过低地估计自己的能力。本来有能力做成的事,结果因犹豫不决而错失良机;本来需积累力量、借助他人帮助才能做成的事,结果因求胜心切而独自贸然出击致使功败垂成。如何改变这种状况呢?关键是要清醒地面对自己,发现自己的优势,并利用自己的优势去获取成功!

你的生活是怎样的？你每天都过得轻松、快乐吗？每天所做的事情是让你离自己的目标越来越近，还是越来越远？你每天付出的宝贵时间、情感和激情都换来最好的结果了吗？……如果没有，那可能是因为你还没有发挥出自己的优势，因此，人只有了解自己、认识自己，找到自己人生的优势所在，才能更好地发挥自己的优势，让自己的梦想因生活规划而得以实现。

优势就是你人生的"主力"，就好像在球场上，一个团队必须有一个别的团队不具备的优势，这样才能取胜。"取己之长，补己之短"，这样才能把自己的优势充分发挥出来，让优势成为你的"主力"。

有这样一个很有趣的寓言故事：

森林里住着各种各样的小动物，为了像人类一样聪明，动物们开办了一所学校。开学典礼的第一天，来了许多动物，有小鸟、小鸡、小鸭子、小山羊，还有小兔子、小松鼠。学校为它们一共开设了5门课程，有唱歌、跳舞、跑步、爬山和游泳。当山羊老师宣布第一天上跑步课时，小兔子兴奋地立刻绕着操场跑了一圈，并自豪地说："我能做好我天生就喜欢做的事！"而再看看其他小动物，有噘着嘴的，有耷拉着头的……第二天一大早，小兔子蹦蹦跳跳地来到学校。山羊老师宣布，今天上游泳课，小鸭子兴奋地一下跳进了水里。可天生恐水、从来没游过泳的小兔子傻了眼，其他小动物更没了招。接下来，第三天是唱歌课，第四天是爬山课……以后发生的情况，便可以猜到了，学校里的每一天课程，小动物们总有喜欢的和不喜欢的。

这则寓言故事诠释了一个通俗的哲理，那就是"不能让猪去唱歌，让兔子学游泳"。要想成功，小兔子就应该跑步，小鸭子就该游泳，小松鼠就得爬树。要展现自己的优势，千万不要拿自己不擅长的一面去和别人擅长的一面相比，这样你会打击自己的自信心，让自己一事无成。

俯瞰当今世界，成功者灿若繁星。罗纳尔多是"足球先生"，乔丹是"篮球飞人"，帕瓦罗蒂是"美声歌王"，杨振宁是"诺贝尔物理奖"得主，韦伯纳是企业家的楷模。这些精英之所以出类拔萃，是因为其自身的优势获得了最大限度地发挥。而普通人在对这些精英深怀敬仰之情时是否已经明白：优势不是这些精英的专利，每个人都有其天生的优势。

成功者之所以能成功，是因为他们知道自己的优势在哪里，不盲目地做一些自己不擅长的工作，他们把自己的优势发挥到了极致；相反，普通人之所以成为普通人，是因为他们还没能认清自己的优势是属于小兔子型的、小鸭子型的，还是小鸟型的？

所以，人若想成功，就应该知道自己的优势是什么，然后将自己的生活、工作和事业发展都建立在这个优势的基础上，让优势成为你的"主力军"。

时代在不停地发展，社会上不断涌现新兴职业，在众多的职业中，每种（专业）职业对从业者独特优势（或特长）的要求各不相同。如果你在学习或工作中很不顺利，甚至屡受挫折，千万不要灰心丧气，丧失自信心，认为自己这也不行、那也不行。其实，并不是你没有能力，而是你像"让小兔子学游泳"那样"入错了行"。

按成功心理学的观点，人类目前共有400余种独特优势，任何人都有至少一项的独特优势，只要你能找出自己的独特优势，据此在社会上几百种专业、职业中选择最适合自己的专业、职业，敢于果断地投身其中，由"入错行"变为"入对行"，就像"小兔子去跑步"

那样,去充分地开发、培养和发挥自己的某项独特优势(或特长),你就一定能反败为胜,取得最大限度的成功。

一个穷困潦倒的青年,流浪到巴黎,期望父亲的朋友能帮他找一份谋生的差事。

"数学精通吗？"父亲的朋友问他。

青年羞涩地摇头。

"你懂物理吗？或者历史？"

青年还是不好意思地摇头。

"那法律呢？"

青年窘迫地垂下头。

"会计怎么样？"

父亲的朋友接连地发问,青年都只能摇头告诉对方——自己似乎一无所长,连丝毫的优势也找不出来。

父亲的朋友对他说:"可是,你要生活呀!将你的住处留在这张纸上吧!"青年羞愧地写下了自己的住址,急忙转身要走,却被父亲的朋友一把拉住了:"年轻人,你的名字写得很漂亮嘛,这就是你的优势啊。你不该只满足于找一份糊口的工作。"

把名字写好也算一种优势？青年在对方眼里看到了肯定的答案。那位青年受到鼓励以后自信了很多,他想:我能把名字写得叫人称赞,那我就能把字写得漂亮,能把字写得漂亮,我就能写好文章……他一点点地放大看自己的优势,看到了成功的希望。

数年后,这个青年果然写出了享誉世界的经典作品。他就是法国18世纪著名作家大仲马,他写的《基督山伯爵》和《三个火枪手》受到世界各国人民的喜爱。

"名字写得好",也许你对此不屑一顾:这算什么!然而,不管这个优点有多么"小"，它毕竟是一种优势。大仲马便以此为基础，扩大了他的优势范围。

世间有许多平凡人，他们拥有一些诸如"能把名字写好"这类小小的优势，但这些优势由于自卑等原因常常被忽略了，他们没能抓住这些优势，并把它放大，结果失去了许多可以成功的机会，这实在是人生的遗憾。须知每个平淡无奇的生命中，都蕴藏着一座丰富的"金矿"，只要肯"挖掘"，哪怕仅仅是微乎其微的一丝优点的暗示，沿着它挖掘下去也会找到令自己都惊讶不已的"宝藏"！

你抱怨的不是命运，而是当初的选择

回首往事，人总是免不了有许多懊悔，发出"如果有来生，我……"的感叹。这个时候，你抱怨的其实并不是命运，而是你当初的选择。假如你当初是另一种选择，也许你还会对现状不满、感觉事事不尽如己意，但是，至少那会是另一种人生吧。

人生是一张单程车票，可以回头的机会寥寥无几，在你匆匆的步履中，一些不起眼、不经意的选择就决定了你今天的命运。人的一生，选择很重要。你是要选择怎样的生活，全凭你的那一刹那的决定。

在大学里，期中考试后的一天，班里的一个同学因为各门功课都考得一塌糊涂，所以忧心忡忡，在哲学课上无精打采。他的异常引起了教授的注意，教授拿起一张纸扔到地上，请他回答：这张纸有几种命运？

那位同学一时愣住，过了好一会儿，他才回答："扔到地上就变成了一张废纸，这就是它的命运。"教授显然并不满意他的回答。教授又当着大家的面在那张纸上踩了几脚，接着，他又捡起那张纸，把它撕成两半扔在地上，然后，心平气和地请那位同学再一次回答同样的问题。那位同学被教授弄糊涂了，他红着脸回答："这下纯粹变成了一张废纸。"

教授不动声色地捡起被撕成两半的纸，他拿起笔来，很快就在上面画了一匹奔腾的骏马，而刚才踩下的脚印恰到好处地变成了骏马蹄下的原野。然后，教授举起画又问那位同学："现在，请你回答这张纸的命运是什么？"那位同学的脸色明朗起来，干脆利落地回答："您给一张废纸赋予希望，使它有了价值。"教授脸上露出一丝笑容。很快，他又掏出打火机，点燃了那张画，一眨眼的工夫，这张纸变成了灰烬。

最后，教授说："大家都看见了吧，起初并不起眼的一张纸，我们以消极的态度去看待它，就会使它变得一文不值。我们再使它遭受更多的厄运，它的价值就会更小。如果我们放弃希望使它彻底毁灭，很显然，它就根本不可能有什么美感和价值了；但如果我们以积极的心态对待它，给它一些希望和力量，它就会'起死回生'。一张纸是这样，一个人也一样啊。"

一张纸可以变成废纸扔在地上，被我们踩来踩去，也可以在上面作画写字，更可以将它折成纸飞机，飞得很高很高，让人仰望。一张纸片尚且有多种命运，更何况人呢？命运如同掌纹，弯弯曲曲，然而无论它怎样变化，永远都掌握在我们自己的手中。

有人说:"我们老得太快,却聪明得太迟。"人生漫长而又短暂,能够决定一个人一生命运的,其实只是那么几步而已,而且多发生在一个人年轻的时候。当我们不会选择的时候可能面临多种选择,而当我们有能力选择的时候,其实我们已经没有多少可以选择的机会了。

有一个美国人,平常很爱喝酒,毒瘾也很重,脾气也非常暴躁,他就是因为看不惯一个酒吧的服务生就把他给杀了,然后被判终身监禁。这个美国人有两个儿子,老大同他的父亲一样,毒瘾也很重,靠抢劫和偷窃为生,最后也被判终身监禁。而老二就不一样了,他生活得非常幸福美满,有漂亮的妻子和三四个孩子,他还是一家跨国公司分公司的老总。同一个父亲,却有两个截然不同的儿子,记者觉得很奇怪,去采访他们时问:"为什么会这样?"他们的回答令人惊讶,因为两个人的回答完全一样:"有这样的爸爸,我还有什么办法?"

因为没有办法,这两个孩子不得不做出人生的选择,一个人选择"不变",而另一个选择了"改变"。成功是选择的结果,堕落也是选择的结果。每个人的前途与命运,都把握在自己的手中。升学也罢,就业也好,工作或创业都是如此。一个人只要奋发努力,就有机会取得成功。有人说:"人生就是一连串的抉择,每个人的前途与命运,完全把握在自己手中,只要努力,终会有所成。"

选择生存是每一种生物体所具有的本能,连埋在地里的种子也存有这样的力量。正是这种力量激发它破土而出,推动它向上生长,并向世界展示自己美丽与芬芳。这种激励也存在于人们的体内,它推动一个人来完善自我,以追求完美的人生。一旦你有幸接受这种伟大推动力的引导和驱使,你的人生就会成长、开花、结果;反之,如果你无视这种力量的存在,或者只是偶尔接受这种力量的引导,就只能使自己变得微不足道,不会取得任何成就。这种内在的推动力从不允许人们停息,它总是激励着一个人为了更加美好的明天而努力。

人的一生中要面临的"十字路口"有很多,每一条路的尽头都是我们未知的"结果",所以,人一定要根据自身的价值取向,认准一个方向,勇敢地迈出自己的第一步,让青春学会选择,让选择打造成功,让成功引领人生。

怎么走都觉得不对的时候,试试"走心"

从小学开始,很多孩子就被老师和家长"逼迫"着树立自己的理想。写作文的时候,孩子会敷衍性地写出"医生"、"律师"、"科学家"之类的空头名号。

然而,在不清楚职业内容的情况下,何谈"想要什么"?

上小学、中学,参加高考,选择专业,进入大学就读,顺利毕业,找到工作。大多数人的生活轨迹都是这样平平稳稳、无惊无喜的。终于有一天,长大成人的孩子会忽然疑惑自己到底在做什么,自己到底想要的是什么。想不清楚时,就用"反正几乎所有的人也都是这样活着,不知道自己要的是什么,找不到生活的方向,还不是照样活着"的话来安慰自己。如果问他们"你真正想要的是什么",他们或许会反问"我为什么一定要知道这个问题的答案"?

从入校的那天起,S就立下了到美国留学的志向,并且非名校不读。大学4年,在大多数人浑浑噩噩地"混日子"的环境中,S拼命苦读,成绩始终保持系内前三,她的平均成绩很高,各项英语考试按部就班、有条不紊地进行。在专业领域学习的空当,她积极参加各种学生会活动、义务活动,拜访知名教授,与他们建立良好的关系,为日后留学需要的"推荐信"做准备。

大四毕业的时候,S顺利收到哥伦比亚大学经济学的录取通知书,并且学校为她提供3/4的奖学金(哥伦比亚大学是出了名的难得给学生奖学金的世界名校)。5年的硕博连读,在同期毕业生已经在职场打滚5年之后,她毕业了。她顺利地在上海落户工作,年薪是多数人很难达到的标准。工作尘埃落定之后,她开始谈婚论嫁,她嫁给了同样在哥伦比亚留学的上海男人。在哥伦比亚大学就读的那几年,她在全世界参加各种学术活动,在非洲、南美洲进行公费考察。

有些人可能会觉得她的目标挺"俗气"的,但不管是多么"俗气"的目标,只要是你自己想要的,为之奋斗并最终达成目标,无疑就是一件美好的事。

小丽,家庭条件优越,长相漂亮,毕业于某"211"高校国际商务专业。该学校的这一专业在国内是数一数二的。毕业之后,她被中石油选中,分配到中石油云南分公司做财务工作。薪资虽然不及一线城市,但是在昆明也属"上乘"了,并且是在中石油这样的大国企。可是,工作不到半年,小丽就辞职了,因为她觉得这份工作"太累了,没有前途"。辞职之后的整整一年时间,她赋闲在家。

询问她原因，她说昆明没有好工作。但因为家在这里，她不愿意离开家，又怕自己在外面太辛苦，所以就这么一直"闲"下去了，反正家里也养得起自己。她说："我真的不知道自己到底想要什么。"

在那些碌碌无为的人中，有些人宁愿平凡度日，更多人是不愿思考，不愿为之做出努力。对于新闻中经常出现的成功人士，我想提出一个问题："是什么帮助了他们丰富了自己的人生？"这些人有一个共同点，就是做自己真正想做的事情。我们不断地在不同的演讲场合、励志书籍中听到或看到"做你真正想做的事"，但是，真正能做到的有几人？事业、家庭、爱情中的种种不顺遂，有时候并非是障碍让我们无法随心所欲，而是我们根本不清楚自己想要什么。太多的人不敢问自己，因为他们害怕失望而不敢提出疑问，心存侥幸地得过且过。

史蒂夫·乔布斯在斯坦福大学的演讲中，谈到我们曾经听过无数遍的忠告：你必须找到你自己真正喜欢的东西，在工作上是这样，在爱人上也是这样。工作会占据你生命的一半，真正满足自己的唯一方法就是做你认为值得的工作，而能让你觉得自己的工作伟大的唯一方法，就是喜欢你正在做的事。

那么，问题自然来了，我们如何才能尽早知道自己想要什么？这是一个很大的问题。让我们沮丧的是，我们总是听到别人告诫自己一定要做自己喜欢的事，但是他们从未一步一步地教会我们如何找到自己喜欢做的事。

为什么有这么多人在寻找自己喜欢做什么的时候遇到困难呢？因为他们从来未曾真正审视过自己。在生活和工作节奏这么快的现代社会，花时间和自己在一起，似乎成了无所事事的标记。人们总是通过持续地做某件事情，不管是玩游戏、和朋友一起聚会、还是参加各种职业培训班等等来证明自己的存在。做这些事本身虽然没有任何问题,但是却让人怀疑大多数人都有着"我每分钟都要做一件事情,因为我不能跟自己独处"的心态。人们越是把自己的时间安排得满满的,想尽办法"充实"自己生活的每一个角落,人们就越不知道自己想要什么。

有些人觉得应该周游世界,多经历一些事情才能确定自己喜欢做什么。其实,你只需坐下来,好好地和自己对话。不要玩你的手机、上网、看电视、聊MSN、听你最喜欢的歌曲、下棋或玩扫雷游戏、查收电子邮件、回电话、喝杯水、去洗手间、看时钟、读杂志文章,而是一点一点地思考,然后做决定。其实,答案已经在你的心中了,你只需把它挖掘出来,避免拖延,你的大脑已经吸收了各种各样的讯息和经验,它已经有了等待解开的"答案"。

让我们开始吧:

第一步:对自己说,你一定会找到"答案"。

给自己肯定的心态,你可以找到"答案"。这个过程可能会花费很长的时间,但没有关系。确定感可以帮助你逐步获得"反自我放弃"的身体机制,避免在寻找答案的过程中因失望而放弃。

第二步:列出自己的愿望清单和技能清单。

不要觉得你可以在自己的头脑里做这一切,拿张纸,把它们写下来。列出每一个你想得到的兴趣和每一种哪怕微不足道的技能。也可以想想自己对什么不感兴趣,然后写下对应面。或许你会发现技能和兴趣的重合,将那些重合的地方记下来,用于第三步。

第三步:留出一些真正独处的时间,集中精神,通过问自己正确的问题来描绘自己想要做的事。

人们留出时间听音乐、烹饪、看电影、读书,但当关系到他们自己个人未来的时候,从来不曾留下任何时间,这实在让人很费解。

在独处的时候，你必须问自己一个十分清楚的问题，"清晰"在这里是关键，因为问题越"清晰"，答案也就会越简单。不要立刻就问自己"我喜欢做什么？"这样的问题太宽泛，让我们把它变窄点，尝试着问你自己：

"我在日常生活中喜欢什么，能够同时利用我的能力和兴趣为自己和别人创造价值？"

"这种价值是通过什么方式创造的？"

"这种价值创造如何与事业结合在一起，通过什么方式来赚钱？"

即便某个"答案"看起来很荒谬，也要把它写下来。写下你所有的"答案"，然后仔细浏览，你会发现，当你写下"答案"并且看着它们，会驱使你萌生想写新"答案"的念头，可能让你注意到以前从来不曾关注过的领域和"答案"，你会为你所写的东西而感到惊奇。你会知道，你想要的到底是什么？那是你正在努力的，还是你曾经放弃的？

套用英特尔公司前总裁格鲁夫的话：人生最奢侈的事就是做你想做的事，那么人生最奢侈的生活就是过上自己想要的生活。

第 二 章

哪里有如愿以偿的人生，
还不都是"逼出来"的

在我的"朋友圈"里开店的人们

(现身说法：艺文，女，28岁)

微信"朋友圈"里不断出现这条状态：在我的"朋友圈"里开店的店主们，已经年末了，新一年的"租金"麻烦你们按时交一下。也许你会一笑而过，但这笑肯定是无奈的笑。

我观察过我的"朋友圈"里几个做"代购"的人。我记得刚认识他们大概是在一年前，那时他们都还是用下班后的时间"倒买倒卖"点从世界各地亚马逊"海淘"来的东西，比如洗发水、沐浴露、吃的、喝的一类的东西。"小代购们"像蚂蚁搬家一样，不仅让我认识了很多国外新鲜有趣的产品，重要的是这一年来看着他们搬运的"包裹"越来越多，卖的东西种类也越来越丰富了。其中，有几个人已经辞职全职做"代购"并且开始招"代理分销商"了。

当然，我也是其中一员。我是做面膜的。当时很多人看不起我，他们说，利用"朋友圈"做生意，是在"骗朋友"。于是，很多人"拉黑"了我，包括我的一些同学，我打电话过去他们也不接。当时，我很难过，突然之间，感觉所有人都遗弃了我，而这一切不过是因为我在

"朋友圈"发了点面膜的广告。

我想,这是在我自己的"朋友圈",难道不应该我想发什么信息就发什么信息吗?我非常委屈,后来,我的一位朋友对我说:"这很正常,不就是被'拉黑'了么?我们上班不也是这样吗?之前我是做推销的,一天10小时辛苦地工作,在自己的工作圈里也要'低到尘埃'里,遇见为难人的客户也不禁会骂我两句,客户把门摔在我脸上的事情太多了。"

我记住了那位朋友的话,是哪个"圈子"并不重要,没有谁比谁"低等",这是生活的常态。

是的,之前,我作为"上班族",很少能看到自己的力量能有多大。我曾对很多人说过我想做什么,但我不知道自己能不能行。可是,现在我知道自己至少在"代购"这件事上"能行"。做"代购"并不像人们想象得那样简单,从买货,安排国际快递,等待物品,有时候要承担运输损失,再自己写宣传文案卖东西,产品上架,发快递,收款,维护客户关系,都需要一个人完成。当我一个人做这么多事的时候,有一种一点一滴为生活更美好而努力的幸福感,这种感觉和每天上班下班按时领工资的感觉完全不同,是另一种人生体验。

所以,我觉得在"朋友圈"开店,是美好的,那是种一点一滴都是自己动手努力,再一点点像滚雪球一样壮大起来的感觉。

而且,"代购"也不仅仅是买卖关系,也有朋友之间的温情在其中。

有个朋友说,她的公司有3个微信号:"公众微信号"用于发布公司咨询;"售后服务号"为顾客解决收到货品后的各种"疑难杂症";而她自己的"个人微信号"则用来同顾客进行情感交流。她说:"生活照,小孩子的照片,护肤品……我都会在微信上'晒',让'粉丝'了解我的生活,了解我们的团队。"她尝试把消费者培养成专家,把顾客培养成"粉丝",用"人情味"来营造和建立信任,用品牌的人格魅力留住客户，这或许就是"极致""专注"之后，别人"抄不走"的精髓所在。

我很感慨，想来，每个日复一日的坚持，总有些精神和内容值得我们用心体会。如果你能从每个人身上学一点能让自己更加强大的东西，你会变得越来越好。

能干的人，都是"逼出来"的

当我们邂逅一位曾经"山重水复"而后又"柳暗花明"的友人时，一番唏嘘、一声叹息之后，往往都会问：

"这些年，真不容易，你是怎么活出来的？"

"人都是逼出来的。"那位历尽沧桑的老友可能会这样平淡地回答。

当我们的同事在"意想不到"的时间内完成了"意想不到"的业绩时，我们会心怀敬意又略带"醋意"地上前搭讪：

"真想不到……怎么就完成了？"

"还不都是逼的。"

"都是逼出来的"——这样的话我们在生活中听到的次数实在是太多了，可是又有谁想过，这平平淡淡的几个字，其中竟包含了多少感人的故事和成功的真谛！

"逼出来的"究竟是什么？是人的潜能，是人的创造力，是创新，是发展。日常生活中，人在一"逼"之下而发挥出超常智能和潜能的事例不胜枚举。

"但使龙城飞将在，不教胡马渡阴山"的中国汉代"飞将军"李广,以善射闻名。据史书记载,有一天李广出门打猎,惊见草丛里有一只"虎",情急之下他应手放了一箭。过去一看,原来是块大石头,而整个箭头竟然都没入石中。过后,他又试射几次,可每次箭都是碰石而落。

"新纪录"都是在比赛中创造的,而且竞争越激烈,成绩往往越好。

我们上学的时候,都有这样的体会,临考试前,学习效率是最高的。人是一个复杂的矛盾体,既有求发展的上进心,又有安于现状、得过且过的惰性。能够卧薪尝胆、自我警醒的人少之又少;更多的人需要的是鞭策和"当头棒喝"式的促动,而"逼"就是"最自然"的好办法。人们常说的"压力就是动力",就是这个意思。

因此,"被逼"不要"无奈","被逼"是福。要么是被"看得起"委以重托,要么是有好运气,否则不会"逼"到你的头上来。你有了"被逼"的机会,别人可能就失去了这一机会。

"被逼",心态就会改变;"被逼",就会有明确的目标;"被逼",就会分清轻重缓急,抓紧时间;"被逼",就会马上行动,不再拖延。

结果则是目标达成了,"被逼"的状态解除了,人发展了。

人不仅不要怕"逼",而且还应该主动"逼"自己,使自我经常处于积极进取、创新求变的良好的紧张状态,使自己的潜能时常处在激发状态。除了在日常工作学习中要有这样的心态,还要设定较高的目标来"逼"自己,不断提升自己。

全世界最爱"自找麻烦"的人,年过半百的美国妇女卡罗琳·赫巴德算得上是其中一个。这位和蔼可亲的美国大婶既是一位物理学家的妻子和4个孩子的母亲,又是一位随时准备到世界各地抢险救灾、拯救生命的勇士。她是"美国救灾行动队"的创建者和领导人。这一组织的宗旨就是"搜寻和营救"，无论国内国外，哪里有灾难，就到哪里去。

1988年12月，亚美尼亚发生大地震，死亡人数超过5万：大楼、住宅、工厂、学校倒塌无数。卡罗琳闻讯后几小时内便登上了飞往亚美尼亚的飞机。她和其他营救队员在零度以下的严寒中，在覆盖几英里的废墟中摸爬8天，尽可能多地搜寻出还有希望被救活的人……

卡罗琳参加的营救活动不计其数。她曾到过地震后的萨尔瓦多和菲律宾救人，去过巴拿马的密林中搜寻生存者，在纽约和田纳西州寻找因桥梁折断而受难的人；到过遭飓风袭击后的南卡罗来纳州；到过飞机、火车失事现场和火灾水灾现场；搜寻救援过丢失的孩子、失踪的猎人和溺水者。

人们无不为她抢险救人、见义勇为的事迹和舍己为人的精神所感动。

当谈到20年来的收获和体会时，她说："我喜欢遇到紧急情况时产生的那种紧张感和那种兴奋感。当意识到自己正在做一件有价值的事情时，我会感到一种满意、一种自豪。在受灾现场，你能看到人类本性最好的一面，也能看到人类本性最坏的一面。而且我也曾处于某种危难境地之中。最重要的是我学会了品尝生活，活出了新意。"

"逼"自己，就是战胜自己，必须比自己的过去更好；"逼"自己，就是超越竞争，必须比别人做得更好。别人想不到，我要想到；别人不敢想，我敢想；别人不敢做，我来做；别人认为做不到，我一定要做到。潜能的力量，真的非常大！

"逼"自己，一方面要勇于接受挑战，把自己"丢进"新条件、新情况、新问题中，人只有被"逼到"走投无路，才会想方设法：只有"破釜沉舟"，才能背水一战，才能做到兵法说的"置之死地而后生"；另一方面，要用"自律"来"逼"自己，用目标管理、时间管理来"逼"自己，用行动结果来"逼"自己。以创新之心"逼"出创新的行为，得到创新的结果。创新是潜能发挥之始，亦是潜能发挥之终。生命力是从压力中体现出来的。生命力就是创新能力，就是创造力，就是人的潜能，也就是竞争力，人的潜能越开发、越使用，就越多、越强。

告诉我，你正在期望什么？

假如我们面前有一块铁。

第一个拿起这块铁的人可能是一个铁匠，他只是在一定程度上掌握了这门手艺，但却没有眼光能将铁块"升华"。他认为最好的可能就是将这块铁制作成马蹄铁，如果制作成功，他会自己庆祝一番。

这时，出现了一个刀匠，他受过一点点教育，有一点点眼光，洞察力比之前那位铁匠稍微敏锐一点点，他从这块铁上面看到的东西稍微多一点。他学习过淬火和回火等许多工艺，他也有砂轮、抛光轮以及回火炉等工具。铁块被熔化之后，被碳化成钢，取出之后进行锻造，回火，加热到白热程度，再被放到冷水或冷油中以提高韧度，最后小心翼翼地进行打磨和抛光……

当所有程序完毕，他给目瞪口呆的铁匠出示了一把价值几千元的刀身,而后者从这块铁皮中只看到价值十几元的马蹄铁。

但是，当刀匠向另外一个工匠展现他的成果时，那位工匠却说:"这块铁的价值,你连一半都没呈现出来。我看到一个更高级、更好的用途。我对铁有所研究,对铁的成分以及它能够制作成什么都非常清楚。"

那个工匠的手法更细腻,感觉更敏锐,训练更有素,想法也更有新意，决心也更大，这些让他对这块铁的了解更深，看得也更远——不只是马蹄铁,不只是刀身——他将这块粗铁变成精致的细针,并用极其精准的手法切割针眼。与刀匠的工艺相比,这种细小到几乎都看不见的针眼需要更为精巧的工艺和技巧。

工匠认为自己的技艺简直到了不可思议的地步，他认为自己已经将这块铁的可能性发挥到极限了。而且,他的作品价值是刀匠作品的很多倍。

但是，这时又来了一个技术非常高超的技工，他的头脑更灵活,手法更细致,为人也更有耐心、更勤奋,他的技术水平和所受的训练都更高,他将这块粗铁制作成细致的钟表发条。当其他人看到价值只有几十元、数千元的马蹄铁、刀身或细针时,他具有穿透力的眼睛看到的却是价值上万元的产品。

又有一位更高明的工匠出现了，他告诉大家这块粗铁尚未得到最高境界的表现。他拥有可以让这块铁创造奇迹的"魔法"。在他看来，即使是钟表发条也似乎稍显粗劣笨重。他知道如何将制作发条的工艺进一步延伸,如何在制作的各个阶段让工艺尽善尽美,如何对金属质地进行完美处理,从而让金属的每一寸纤维都能产生不可思议的效果。他将铁块通过多重提炼工艺处理,经过细致的回火,最后成功地将其制作成肉眼几乎看不见的螺旋形细弹簧……

就像每一位工匠都有自己的锻造目标一样，我们对自己的期望将决定我们会成为什么样的人。

如果我们只能看到"马蹄铁"或"刀身"，那么我们即使付出所有的努力与奋斗也不会制作出"细弹簧"。

那么，你正在期望什么呢？

如果说人生就是一个自我锻造的过程，那么成功就是将自己所拥有的"材料"——无论它是性格、知识还是经验——的价值最大化，而决定这些材料最终具有多大价值的因素是锻造师的心理期望。

这就好比你是一块"铁"，你的内心期望自己只是一块"马蹄铁"，你就只可能锻造成一块"马蹄铁"，而不会成为价值百万的"精密仪器"。

有一个正在巡回表演的马戏团，成千上万的观众被它吸引，更令人拍案叫绝的是其中一只大象的演出。

有一个少年为了能够更近距离地看看大象，特意跑到马戏团的后台，到处找大象栖身的地方。但是，他却发现那头大象被一条普通的绳子缚在一根木头旁。

少年好奇地问一位驯兽师："先生，为什么只用一条绳子便能制服这么巨大的象，难道不怕它用力一拉便逃走了吗？"

"你不了解吧！"驯兽师笑笑说："当它还小时，我们用大铁链把它锁着，每当它想逃走时，它只要用力一拉铁链便痛得动弹不得，久而久之，每次当它想到用力拉就有痛的感觉的时候，它便放弃了。所以，现在我们只需要用一条绳子缚着它，因为它也不再相信自己可以逃走了。"

现实生活中，是否有许多人也像大象一样屡屡去尝试着实现自己心中的梦想，但是往往事与愿违。在经历过多次的失败打击之后，他们便消极起来，不是抱怨这个世界的不公平，就是怀疑自己的能力。他们不去努力寻找新的奋斗目标，追求突破，而是一再地降低自己的人生目标——即使原有的一切限制早已消失。

现实中的"大铁链"虽然没有了，可是他们的心却拴上了一条"铁链"。他们早已经"痛"怕了，不敢再尝试，或者已习惯了"铁链"对自己的束缚，不想再跑了。人们往往因为害怕受伤、失败而放弃追求成功，甘愿忍受失败者的生活。

难道"大象"真的不能挣脱绳子的束缚吗？绝对不是。只是它的心理已经接受了"这根绳子的强度是自己无法挣脱的"这个现实。

有一个古老的故事：一口小圆井底下生活着一只小青蛙，它和它的家族世世代代一直住在那里，它也很满足于在井水里嬉戏，在这口水井里游泳。它很满意自己目前的生活，常想着：我的生活不可能比现在更好，因我已拥有了一切所需。

但有一天，小青蛙抬起头看到了井上面的光线，它忽然很好奇井上面会有些什么。于是，它慢慢地沿着井壁往上爬，当它爬到井口时，它小心地沿着井边往外看，仔细一瞧，它首先看到了一个池塘。它简直不敢相信自己的眼睛：这池塘可比自己住的那口井大上好几千倍！它继续往前"探险"，又发现了一个大湖，于是它惊讶地瞪大眼睛站在那儿。小青蛙继续沿着湖边往前爬，终于有一天，小青蛙历尽艰险、长途跋涉来到大海，目光所及之处，尽是一望无际的汪洋，它的震惊难以形容。

这个故事我们都很熟悉，但是你是否深入思考过，其实，你也是在"坐井观天"？刚20几岁的年纪，你就认为，自己已经达到了人生的巅峰，达到了生命的极限，不可能再有更大的成就了，永远做不成什么大事，无法成就什么丰功伟业，不能享受像别人一样的生活……

从你的"井"里爬出来吧！跨越现有的心理高度。只要你希望生活中发生好事，那么就没有什么好事不能变成现实，没有什么美妙的事不会发生，没有什么好事不能持久。即使你现在仍沉浸在消极的想法中，但只要你开始"救赎"自己——你便能从谬误和谬误导致的结果中解脱出来。

一个人，无论他的能力多么突出，才华多么出众，学识多么渊博，但最终决定他能否成功的却只有一个因素——他的心理高度，即他认为自己能取得多大的成就。

用你最大的努力去"聚焦"

没有目标，一切的想法都只是停留在空想之中，人有了目标人生才会有努力和奋斗的方向，奋斗也会变得更加有动力。

在任何年代、任何国家，其社会结构都接近一种"金字塔"形状。大量的人处在"金字塔"的底部，只有一小部分人处在"金字塔"的顶部：处在塔底的人们每天辛辛苦苦地工作，但却只能勉强维持自己的生活；而处在塔顶的人则是蒸蒸日上，发展前途不可限量。现实生活中，大量的人只能做普通的工作，有普通的收入；少数人在高层作决断，享受财富。然而，人们往往忽视了，这些身处顶端的人，曾经也处在底部，他们是一步一步地攀上"金字塔"的顶部的。

为什么偏偏是他们达到了众人瞩目的高度呢?

1952年,默多克的父亲因病去世了,未满22岁的默多克接手了父亲在澳大利亚的报业集团。

经过一番思考,默多克通过转让、合并的方式保住了父亲的两份报纸。他又担任了《新闻报》和《星期日邮报》的出版人,兼并了《星期日时报》,而后又收购了《镜报》,默多克决心以英国的《每日镜报》为榜样,办好这个报纸。

《镜报》的地位刚刚巩固下来,默多克又奔向新的目标,他想创办一份全国性的报纸,这是他一直以来的愿望。而创办一份成功的全国性报纸,在大多数办报人心目中只不过是一场梦。但默多克决心"梦想成真"。他断定,一份严肃的全国性报纸一定会获得成功,它将会是《纽约时报》和《华尔街日报》的一种混合体。经过他的不懈努力,《澳大利亚人报》诞生了。

许多人称《澳大利亚人报》是默多克的另一面。因为这份刊载金融和政治事务的严肃的日报,同那些通俗的"大众化"报纸形成了截然不同的两种风格。事实上这份报纸一直都在赔钱,可为了荣誉,默多克一直坚持办下去。直到15年后,《澳大利亚人报》才开始赢利。

1968年, 新婚不久的默多克登上了英伦三岛。一到英国,默多克自然就想到了英国那份著名的报纸——《每日镜报》,可是那时时机还不成熟,他转而把眼光投向了《世界新闻报》,经过一番周折,他掌握了该报纸的主要股份。

默多克的报纸为迎合读者口味,常会采用耸人听闻的报道,这一点越来越受到一些人的批评。但默多克坚持强调,他只能为公众提供他们喜闻乐见的东西。他的报纸销量猛增而竞争对手的销量一落千丈的事实,证明了他的策略行之有效。

20世纪70年代,默多克又买下了《太阳报》,而《太阳报》从此就以裸体女郎、过激言论、体育报道作为自己的"招牌"。一年之内,它的发行量就从80万份猛增至200万份!到80年代末期,这份报纸的销量超过了《每日镜报》,成为英国最畅销的日报之一,成为默多克的"摇钱树"!

这次成功,使默多克成为"百年不见的风云人物"。

默多克的行事作风与成就,很难让伦敦那些高傲而保守的人满意,有人诽谤他是个"澳洲乡下人""肮脏的掘地佬"……为此,他十分恼火,因为在他看来,英国人是傲慢的、"摆架子"的,而伦敦的《泰晤士报》就集中体现了这一点——它历史悠久,虽然不赚钱,但却有着极高的地位和影响。

自从20世纪70年代以来,《泰晤士报》就遭到严重的经济危机,在这种处境艰难的时刻,默多克乘虚而入,成功地收购了它,最终结束了其"从不赚钱"的历史。

到了20世纪80年代末期,默多克占有全英报纸发行量的35%,成为英国报业的"执牛耳"之人。

默多克永不会停止自己的脚步。人们期盼着默多克的下一个行动,猜测他扩张的下一个对象是什么?

默多克成功并不是一步登天的,即使他从一开始就有宽裕的环境,但他今天的成就是靠他一个一个目标实现,最后积累下来的。直到今天,默多克依然没有停止他扩张的步伐。当别人以为他进入电影领域后会停下来时,他又涉足了卫星电视领域、图书出版领域。

显然,成功者总是那些有目标的人,鲜花和荣誉从不会降临那些没有目标的人头上。

有一位父亲带着3个孩子，到沙漠去猎杀骆驼。

他们到达了目的地。父亲问老大："你看到了什么？"

老大回答："我看到了猎枪、骆驼，还有一望无际的沙漠。"

父亲摇摇头说："不对。"父亲又以同样的问题问老二。

老二回答："我看到了爸爸、大哥、弟弟、猎枪，还有沙漠。"父亲
又摇摇头说："不对。"父亲再以同样的问题问老三。

老三回答："我只看到了骆驼。"父亲高兴地说："答对了。"

上面的这个故事告诉我们，目标确立之后，就必须心无旁骛，集中全部的精力，注视目标，并朝着目标勇敢地迈进，这是迈向成功的第一步。

表现杰出的人士都是遵循着一条类似的途径获得成功的，美国学者称这条途径为"必定成功公式"。这一途径的第一步是要知道你所追求的，也就是要有明确的目标；第二步就是要知道该怎么去做，否则你只是在"做梦"，你应立即采取最有可能达成目标的做法。

如果你仔细留意成功者的做法，他们就遵循这些步骤：一开始先有目标，明确前进的方向；然后采取行动，因为"坐着等"是不行的；接着是拥有判断和选择的能力，知道该如何去做；最后不断修正、调整、改变做事的方式和方法，直到达成目标为止。

你必须有目标，为你的目标而努力。辛勤工作并不表示你真正投入工作了。同样砌砖墙，有的人默默埋头苦干，觉得工作很无聊，但还是认命地做下去；有的人却一边砌墙，一边想象这座墙砌成后的面貌，想象着上面也许会爬满玫瑰花，孩子们也许会攀在墙头看风景等，他在努力砌墙的同时，"眼睛"已经看到努力的成果了。

前一个砌墙人虽然卖力,其实跟牛马差不多,在既有的工作上"打转",生活对他而言是一种苦刑;而后者却能陶醉在工作中,同时他很可能一边工作,一边思考改善的方法,因此技术会不断进步,工作不仅不让他觉得无聊,还让他有机会成为这一行的"高手"。

一个名叫泰莉的空中小姐,很喜欢环游世界,另一个空中小姐宝玲也一样,但她还希望有自己的事业,最好与旅游有关。宝玲每到一个地方,就不停地记下她经历到的一切,尤其是当地的旅馆及餐厅状况,并不时把自己的经验提供给乘客。

终于,她被调到旅游行程安排的部门,因为她就像一本"活百科全书",她掌握的旅游知识非常丰富。她在那个部门如鱼得水,更掌握了世界各大城市的旅游动态,几年之后,她已拥有了一家自己的旅行社。

泰莉呢?她还是一个空中小姐,还是努力工作,但显然并没有什么升迁机会,唯一能改变现状的,大概只有结婚。事实上,泰莉和宝玲一样卖力工作,但泰莉没有目标,只是随兴地到世界各地游玩,不把旅行看作发展潜力的机会。没有特定目标的人,往往终生在原地"打转"了。

如果一个人知道自己的目标,并且能完全投入其中,成功的机会就会不断涌现。人都有"惰性",即使一心想成功的人,同样有"提不起劲"的时候。不过,只要你承认这点,并坚持不向"惰性"屈服,那你的成功便指日可待了。

平心而论,美国前总统克林顿算不上天才人物,他能登上美国总统的"宝座",与他中学时代的一次活动有一定关系。

克林顿的童年很不幸，他出生前4个月，父亲就死于一次车祸。他的母亲因无力养家，只好把出生不久的克林顿托付给自己的父母抚养。童年的克林顿受到外公和舅舅的深刻影响，他从外公那里学会了忍耐和平等待人，从舅舅那里学到了"说到做到"的男子汉气概。他7岁时随母亲和继父迁往温泉城，不幸的是，双亲之间因意见分歧和脾性不合而发生激烈冲突。继父嗜酒成性，酒后经常虐待克林顿的母亲，小克林顿也经常遭其斥骂。这给从小就寄养在亲戚家的小克林顿的心灵蒙上了一层阴影。

不幸的童年生活，使克林顿形成了尽力表现自己、争取别人喜欢的性格。

克林顿在中学时代非常活跃，一直积极参与班级和学生会活动，并且有较强的组织能力和社会活动能力。他是学校合唱队的主要成员，而且被乐队指挥认定为"首席吹奏手"。

1963年夏，他在"中学模拟政府"的竞选中被选为"参议员"，应邀参观了首都华盛顿，这使他有机会看到了"真正的政治"。参观白宫时，他受到了肯尼迪总统的接见，并同总统握手而且合影留念。

此次华盛顿之行是克林顿人生的转折点，使他的理想由当牧师、音乐家、记者或教师转向了从政，梦想成为"肯尼迪第二"。

有了目标和坚强的意志，克林顿此后30年的全部努力，都紧紧围绕这个目标。上大学时，他先读外交，后读法律——这些都是政治家必须具备的文化修养。离开学校后，他一步一个脚印：律师、议员、州长，最后是政治家的巅峰：总统。

要达成伟大的成就，最重要的秘诀在于确定你的目标，然后开始行动，并为之全力以赴，这样你才能赢得辉煌的人生。

对自己"太容忍"，就是对自己"残忍"

毅力是一把磨刀石，虽然不起眼，但是却能够把铁杵磨成针。毅力是一枚测金器，只有真金才能经得住考验，只有杰出的人才能被筛选出来。有些人志向远大，但坚持不了多久就退缩了；有些人一直坚持，但往往在离目标仅有一小段距离的时候因为欠缺毅力，而在最后一刻选择了放弃。人生所经历的一切都在长期考验着我们的毅力，唯有那些坚持不懈的人才能得到成功的眷顾。

彼德·戈柏是索尼娱乐事业公司的总裁，这个企业的前身即是闻名全球的哥伦比亚电影公司。在竞争激烈的电影市场，彼德·戈柏与他的搭档钟·彼德斯共同为世界影视创造了一部又一部的经典之作，"奥斯卡金像奖"也多次被他们公司收入囊中，彼德·戈柏也因此成为电影界最有能力且最受人们尊敬的人之一。

权威媒体评价彼德·戈柏说：他能在这样一个竞争激烈的行业中具有如此重大的影响力，其中一个原因是他具有其他人所未有的眼光，另一个原因就是他有一般人所不及的毅力。

拿电影《蝙蝠侠》来说，在这部影片开拍之前，许多片厂主管都说这部片子毫无市场。他们认为除了小孩子会去看之外，就只有《蝙蝠侠》这部漫画的书迷肯掏钱走进电影院。经历了一次又一次的拒绝和否定，这部影片险些胎死腹中。然而，戈柏和彼德斯不顾接踵而来的挫折、打击、失望和风险，坚定地走了下去，最终完成了这部电影。在电影上映后，这部很多人都不看好的电影，"卖座率"

高踞电影史上的"冠军"宝座。

再如著名影片《雨人》，这部影片在整个摄制过程中前后换了5位编剧、3位导演，其中一位导演还是大名鼎鼎的斯皮尔伯格。之所以数次更换主创人员是因为他们都认为观众不会有兴趣看一部全片只有两个人驾车横越全美国过程中的故事，何况这两个人的其中一位心智还有问题。虽然一再遭受挫折，但戈柏始终坚持自己最初的想法。最终结果也证明彼德·戈柏是对的，该片囊括了"奥斯卡金像奖"的四项大奖。

经过多年的打拼，戈柏深深体会出只有坚持到底才会有所收获，只有拥有锲而不舍的毅力才能获得成功。

一个企求立刻就能看到结果的人往往放弃得也快，只有有毅力且能坚持到底的人才会达到人生的目标。没有坚定的毅力什么也干不成。人生之中并非事事都如意，有时候我们定下了目标，可是当遇到挫折时，或者是裹足不前，或者是另寻其他目标。没有毅力坚持目标的人很难有所作为，真正成功的人，往往都是不给自己"留后路"的人。

网坛明星俄罗斯运动员莎拉波娃4岁时，她的父亲就变卖了他们在俄罗斯的全部资产，带着莎拉波娃到美国练习网球。正因为没有"退路"，莎拉波娃从小就刻苦练习，最终成长为一名成功的网球手。

只有一条路可走的人往往是最容易成功的人，因为别无选择，所以他们会倾尽全力朝目标冲刺。

小民是一位留学美国的中国学生。毕业后，小民想靠着自己的能力养活自己，为了解决生存问题，他什么苦活、累活都干过。在餐馆刷盘子，在路上发传单，帮别人打字。微薄的收入只能让他勉强糊口。

一天，在"唐人街"一家餐馆打工的他，看见报纸上刊登了一个公司要招聘线路监控员，一看和自己的专业"对口"，薪资待遇也很吸引人，于是小民做足了准备前去应聘。"过五关斩六将"，他进入了最终的面试。当招聘主管出人意料地问他："你有车吗？你会开车吗？我们这份工作需要经常外出，因为公司的车辆有限，所以我们会优先考虑会开车的人。"

小民当场就蒙了，自己只是一个穷学生，怎么会有车呢？开车更是不会啊！但为了争取到这个工作，他不假思索地回答："有！会！""很好，那四天后你开车来上班。"主管说。

小民没有"退路"，要么他放弃这份工作，要么就只能"硬着头皮上阵"。最终他豁出去了，在一个朋友那儿借了一些钱，买了一辆"二手车"，开始了自己紧迫的学车历程。第一天，他跟朋友学简单的驾驶技术；第二天，他在朋友屋后的大草坪模拟练习；第三天，他歪歪斜斜地开着车上了公路；第四天，他居然能驾车去公司报到了。

如果想要找到出路，没有坚定的信念和勇往直前的精神是不行的。有时我们必须放开手脚，大胆去做，才能克服所谓的"不可能"。小民凭着自己的胆识，敢于斩断自己的"退路"，让自己置身于命运的"悬崖"边上。正是面临这种后无"退路"的境地，他才有了奋勇向前的精神，争取到了那个难得的机会。

人有时只有斩断自己的"退路"，才能把"不可能"变成"可能"。

只有将自己"逼上梁山"，才能找到出路。对自己"太容忍"，就是对自己的"残忍"。当我们不能后退时，就只能前行。

自由，就是自行选择你的人生态度

人在个体上存在差别——体力有强弱之别，智力有高低之分。在激烈的社会竞争中，难免会产生"强弱"。在这种有形无形的划分中，我们也有意无意地把自己摆放在一个特定的"等级"上，这样，难免就会有人自信、有人自卑。

难道"强弱"真的就这样一成不变吗？

一匹掉队的斑马不安地四处张望着。一只饿了一天的狮子发现了这匹斑马，于是它借着草丛的掩护，潜行到了斑马后面。斑马没有发觉来自身后的危险，狮子突然"闪电"般地蹿出去，冲向那匹斑马，斑马这时才知道危险临近，它本能地闪躲着狮子的攻击。

狮子在第一回合扑了个空，转身再度扑来，斑马拔腿狂奔，闪进一处灌木丛里。在灌木丛里追逐猎物可不是狮子所长，它在外面搜寻了一会儿，低吼几声，蹒跚地回到原来的土丘上。

这是一则模拟出来的草原竞争，虽然是模拟，却是事实——狮子是草原上的强者，很多动物根本不是它的对手。还有些动物，一看到它就四肢无力，瘫在地上等待生命的结束。

和狮子比起来，斑马是"弱者"；除斑马之外，草原上还有许多

"弱者",可是,这些"弱者"至今仍然存在。可见,在动物的世界里,没有绝对的"强者"和"弱者","强弱"只是相对的。这是一种生态平衡,也可以这么说,在动物世界里,"弱者"也有属于自己的一片天空!

在人的世界里,也没有绝对的"弱者"。在田径场上,跑得快的便是"强者";在考场上,分数高的便是"强者"!可是,田径场上的"强者"并不一定是考场上的"强者",考场上的"强者"也不一定是商场上的"强者"!因此,所谓的"优胜劣汰"只描述了一部分的真实,这句话并不是真理,如果错误地理解它,那么自认为"弱者"的人就一辈子没有出头之日了。

当遭遇挫折或者失败的时候,"弱者"喜欢找比自己差或者渺小的人或事物作"参照物",以此安慰自己还不是最差的一个。"强者"则相反,他们会找比自己更强大、更宽广的人或事物作为"参照物",以此看到自己的渺小和不足的地方,重新找到自己的方向并振作起来。

1946年,一个名不见经传的汽车小厂"丰田"开始立下雄心,制订了向当时的汽车王国——美国挑战的计划。作为战败国日本的企业,"丰田"公司在资金上、技术上还不能与实力雄厚的美国汽车大公司相比,而且在1949年以前,驻日本盟军司令部还禁止日本制造汽车,但这些都没有阻止日本人向美国汽车挑战的雄心。30年后,日本"丰田"汽车也成为世界上家喻户晓的名牌。

日本"尼康"公司原是生产军用望远镜的军工企业,日本战败后不得不"军转民",开始转产民用照相机。当时世界上的"照相机王国"是德国,"尼康"公司就把自己的产品定位于赶超德国照相机。30年后,日本照相机击败德国照相机,可以说,现在世界上的高档照相机有90%都是日本产品。曾经,世界上的"手表王国"是瑞士,日本的"精工"等公司又把产品目标放在赶超瑞士手表上，后来日本成为"世界第一手表生产国"。

总之，在社会生活中，实力最强的不一定是生存能力最强的。只要存在竞争和无数的竞争对手，实力最强的也可能最先消亡，而实力最弱的如果能够觅得良机，也极有可能获得最终的胜利。在职业生涯中，能力最优者也未必就会成就事业，因为其面临的竞争最多，在不断的反复博弈中，最终可能会由于其他原因败下阵来；而能力弱者如果能潜心修炼，也有可能获得最后的成功。

我们常常会看到一些弱者，他们总是不停地抱怨；而强者几乎从来不向别人抱怨，他们认为抱怨解决不了任何问题。

一种商品的价值是通过它的价格体现的，而人的价值却是由态度来决定的。用积极的态度肯定自己，你就会拥有积极的人生；用消极的态度否定自己，你最终只能拥有消极的人生。

有一个小男孩，刚出生就被父母遗弃了，一直生活在孤儿院里。他非常悲观，总是无精打采地问院长："院长，你说人活着究竟有什么意思呢？"院长总是笑而不答。

有一天，院长交给小男孩一块石头，说："明天早上，你拿着这块石头到菜市场上去卖，但不是真卖，记住：无论别人出多少钱，你都不能卖。"

第二天，小男孩就拿着石头来到市场上，找到一个角落蹲了下来。过了没多久，就有不少人对他的石头感兴趣。第一个人说："小孩，3个金币卖不卖？"

另一个人则说："我出5个金币！"第三个人大喊："卖给我，我愿意出10个金币！"价钱越抬越高，小男孩其实已经动心了，10个金币对他来说是多大的一笔财富啊！可是，小男孩牢牢记着院长的话，怎么也不肯卖掉那块石头。

回来后，小男孩兴奋地向院长"报告"了这天发生的事情，院长说："明天你再把它拿到黄金市场去卖。"

第三天，在黄金市场上，有人竟然肯出比第二天高10倍的价钱来买这块石头。可是小男孩还是没有卖。

第四天，院长又让小男孩把石头拿到珠宝市场上去展示。结果，石头的身价又长了10倍，而且由于小男孩怎么都不肯卖，一传十，十传百，那块石头竟被传为是"稀世珍宝"。

最后，小男孩兴冲冲地捧着石头回到孤儿院，把这一切都告诉了院长，问："为什么会这样呢？它只是一块很普通的石头啊！"这回院长没有笑，他望着孩子慢慢地说道："孩子，其实生命的价值就像这块石头一样，在不同的环境下就会有不同的意义。这块不起眼的石头，仅仅由于你的珍惜而提升了它的价值，竟被传为稀世珍宝。你不就像这块石头一样吗？只要你自己看重自己、珍惜自己，你的生命就是有意义的，你活着就是有价值的。"

刘墉先生说过："虽然不是每个人都可以成为伟人，但每个人都可以成为内心强大的人。内心的强大，能够稀释一切痛苦和哀愁；内心的强大，能够有效弥补你外在的不足；内心的强大，能够让你无所畏惧地走在大路上，感到自己的思想高过所有的建筑和山峰！""弱者"与"强者"的不同之处在于，"弱者"的嘴巴比行动能力强，而且二者几乎成反比；而"强者"的行动能力比嘴巴强，但二者的差距不会太大。

当所有人都不相信你时，你仍要相信自己

世界著名成功学之父戴尔·卡内基曾经说过："一个年轻人，如果从来不肯竭尽全力来应对所有事情，如果没有坚强不屈的意志，如果没有真诚热忱的态度，如果不施展自己的能力，如果不振作自己的精神，那么他绝不会有什么大成就。"伟人之所以能够成功，就在于他们相信自己的能力，要求自己一定要超越别人、战胜别人，从而自强不息、奋斗不止、坚韧不拔。所以说，自信是人承担大任的第一个条件。只有非常的自信，才能成就非常的事业。对事业充满自信而决不屈服，便永远没有所谓的失败。

英国历史上曾经有过这样一件事：杜邦将军未能攻下克切斯城，他在法拉格特将军前面极力为自己开脱。法拉格特将军听完后只说了一句话："一个重要的原因你没有讲到，那就是你一开始就不相信自己能打败敌人。"

许多事情往往都是如此，如果你开始时就不相信自己能够成功，那么你绝不会成功。明白了这个道理，再依靠自己的努力而不是依靠"上天"的机遇或他人的帮忙，我们才能在某一方面成为杰出的人物。

有一个法国人，正处在"不惑之年"，这个年纪本应该事业有成，但是他却恰恰相反，一事无成。家人对他失望极了，久而久之，就连他自己也认为自己失败至极。

离婚、破产、失业……一连串的打击，使他觉得人生已经失去

了价值和意义。由于对生活的不满,他变得越来越古怪、易怒,同时也十分脆弱,经不起任何打击。

有一天,他失魂落魄地在大街上走着,一位吉普赛人正在街边摆摊算命。

"先生,算一卦吧!"吉普赛人淡淡地说。

他想,我又没有什么重要的事,权当是一种娱乐吧,于是他坐了下来。

看过手相后,吉普赛人对他说:"天哪,真没有想到,你是一个伟人,真了不起!"

"什么?请不要拿我开玩笑,我可不是什么伟人。"

"你知道你是谁吗?"

"我是谁?"他无奈地笑了笑,"我是一个名副其实的倒霉鬼、穷光蛋和被社会抛弃的人!"

吉普赛人笑着摇了摇头,说:"先生,你错了,你是拿破仑转世,你身体里流淌着拿破仑的勇气和智慧。你就一点也没有发觉,自己长得与拿破仑非常像吗?"

听了吉普赛人的话,这个法国人半信半疑:"不会吧,离婚、破产、失业全部都找上我了,不仅如此,我还无家可归,这样看来,我怎么会是拿破仑转世?"

"刚才你说的只能算是过去,你的未来可了不得,如果你不相信我说的话,5年之后再来找我,到那时,你可是全法国最成功的人。"

这个落魄的法国人带着怀疑离开了,虽然表面上他对吉普赛人的那番言论很不以为然,但是不能否认,他内心有一种前所未有的美妙的感觉。在此之前,他根本没有时间静下心来钻研拿破仑的生平事迹,这一次,他对拿破仑产生了极大的兴趣。

回到家后,他并没有像往常那样,面对满室疮痍唏嘘不已,而是想尽办法寻找和拿破仑有关的著作来学习。

时间长了，他发现，周围的人对他的态度变了，他们都在用一种全新的眼光来看待他，他的事业也越来越顺利。

直到这时，他才领悟到，其实周围一切都没有改变，唯一做出改变的只是他自己。经过一番仔细观察，他发现自己的气质、思维模式都在不自觉地模仿着拿破仑，就连走路，也颇有一点拿破仑的架势。

又过了13年，在这个人55岁的时候，他成了亿万富翁，一位法国著名的成功商人。

如果想让周围的人相信你，如果你想要承担大任的话，首先应该相信自己。自信是成功的第一秘诀。有史以来，没有一件伟大的事业不是因为自信而成功的。

决心就是力量，信心就是成功。当一个人怀着信心去做事的时候，心中就拥有了对所做事的把握，并且，在这个过程中，会表现出一种与众不同的气度，而这种气度就是自信。

拥有了自信，再平凡的人也会做出惊天动地的事情来。这样说，并不是说拥有自信的人就一定会成功，而是因为拥有自信的人们生活得往往都很精彩，通过自己的努力，让"不可能"变为"可能"，他们是生命奇迹的创造者。

1987年，麦格雷戈放弃了衣食无忧的"顾问"职位去试着实现他的一个"梦想"。他原来的公司是在机场和饭店向出差的企业人员出租"折叠式移动电话"，但这些不能提供有详细记载的计费单，而没有这种"账单"，一些公司就以没有依据为由不给雇员报销电话费。现在急需在电话内装一种电脑微电路，以便记录每次通话的地址、时间、费用。

麦格雷戈知道自己的设想一定行得通，在家人的大力支持下，他开始物色投资者并着手试验，但这项雄心勃勃的冒险进行起来并不顺利。

1990年3月的一个星期五，全家几乎面临绝境。一位法庭人员找上门，通知他们如果下星期一还交不出房租，他们就只有去"蹲大街"了。

麦格雷戈在绝望之中把整个周末都用来联系投资者，功夫不负有心人，星期天晚上11点，终于有人许诺送一张支票来。

麦格雷戈用这笔钱付了账单，并雇用了一名顾问工程师。但是忙碌了几个月，工程师说麦格雷戈设想的这种装置简直是"不可能"！

到了1991年5月，家庭经济状况重新陷入困境，麦格雷戈只好打电话给贝索思——一家著名的电讯公司，一位高级主管在电话里问他："你能在6月24日前拿出样品吗？"

麦格雷戈的脑中不由想起工程师的话和工作台上试验失败后扔得到处都是的工具，他强迫自己镇定下来，用尽量自信的声音说："肯定行！"

他马上给大儿子格里格打去电话——他正在大学读电脑专业，告诉他自己所面临的严峻挑战。

格里格开始通宵达旦地为父亲设计曾使许多专家都束手无策的自动化电路。在父子两人的共同努力下，样品终于设计出来了。6月23日，麦格雷戈和格里格带着他们的样品乘飞机到亚特兰大接受检验，一举获得成功。

现在，麦格雷戈的特里麦克移动电话公司已是一家资产达数千万美元、在本行业居领先地位的企业。

任何时候，你都不要轻易动摇信心。只要是你所向往的，如果你想实现终极目标，即使是你始终未曾接触过的领域，也一定要从心里建立起"有信心"的信念。你得从此刻便开始学习感受那份信心，相信自己有资格、有力量取得成功。

可以毫不夸张地说，一个人之所以失败，是因为他自己想要失败；一个人之所以成功，是因为他自己想要成功。一个平庸的丧失进取动力的人，总觉得自己不重要，成就不了什么大事，因而他扮演的始终是可有可无的"小角色"。这样的人，他的言谈举止都显示出信心的缺乏。实践证明，"否定自己"是一种可怕的思想，它足以产生一种消极的力量，常常使人走向失败之途；而充满信心的人，则常常踏上成功之路。

第 三 章

不要在你还没有努力的时候，
就断言这个世界的不公

如果你没有勇气陪我到"明天的明天"

(现身说法：阿刚，男，30岁)

我是北京一家公司里的一名普通程序员，每月5000元是我扣税、扣保险后的全部收入，年收入约6万元。

我几年前从东北大学本科毕业，作为我这个工龄的程序员来说，这个待遇很普通，也很普遍。工资高的人也有很多，但基本上是管理人员和高级技术人员；工资低的人也有很多，大多是刚参加工作或学历不高的人。我这个收入算是中间层的。

像我们这样在北京谋生活的"单身汉"，饭一般是不做的，因为自己做饭和吃快餐花费差不多，早餐我买一个面包和一瓶牛奶，这需要3元钱，中午吃"一荤一素"，晚上吃两个"素"的盒饭，加上早餐钱全天20元差不多了。这样每月饭钱大约600元，加上偶尔跟同事朋友"下馆子"吃饭、喝酒花的钱，一年花在"吃"上的钱基本是7000元。

我在郊区租了一套40平方米的"老一居"，1500元的月租加上管理费和水电煤气及日常用品每月共1600元左右，一年下来需要2万元。

吃饭和住房是生活花费的"大头"，除此之外，固定的开销还有交通费和通讯费，这些全年加起来约4000元。因为我在写字楼上班，着装要求穿得正式一些，我每两年换4套夏装，每3年换两套冬装，加上一些平时穿的休闲服装，一年总共需要6000元服装花费。

除去这些，每年我还会有7000左右的其他开销，这包括平时买书、学习、上网的费用2000元，每年回家过年的来回路费2000元，以及过年孝敬父母各2000元。这些就是我正常生活的开销，就生活质量来说并不过分，稍微奢侈的消费（如打的、泡酒吧、唱KTV、旅游等）一点都没有，全部加起来每年需支出45000元。但还是要保证一年都不感冒发烧，不然上两回医院这点收入就所剩无几了。

以我6万元的年薪，每年可以存款5000元，很正常地活着，但工作几年后，我发现问题来了，原因是我突然发现自己快30岁了，还没有女朋友，父母开始催我赶紧结婚。是啊，男人"三十而立"，事业还没"立起来"可以慢慢来，家总还是要成的吧。于是，我怀揣着6年的积蓄3万元钱，准备找对象结婚。

曾有位网友说过，幸福稳定的婚姻，其经济基础是丈夫收入为妻子收入的1.8倍，我不知道他是怎么算出来的，但想想也很符合实情。因此，我要找一个跟我一样年薪6万元的女朋友是不利于感情稳定的，其实即使我愿意，对方恐怕也不会嫁给我。而年薪3万元以下的女孩们，长相不错的要把相貌"折合"成10万元至100万元年薪计算，所以她们更不会嫁给我了。

所以，我的"门当户对"的对象是年薪3万多元、相貌普通的女孩。

经朋友介绍，我认识了女友小琼，经过一年的恋爱，我发现小琼真是个体贴的女孩，她从来不要求我买贵重的礼物给她，出去吃饭也是去中式的小饭店，出门不"打的"，衣服不买名牌，偶尔看场电影，情人节送张卡片就行了。她说两个人过日子，只要彼此真心相爱就好，并不需要那么多的虚荣。看到她那么纯朴善良，我决定跟她结婚。

于是，我们准备买房，在北京安个家。买房的钱，决定向双方父母"借"。说是"借"，其实就是"讨"，因为"借"了也不可能还得起。我们都是独生子女，双方父母都是疼子女的人，而且都还没在退休前"被下岗"，一辈子辛苦存了二三十万元钱，如果我们把这钱都"借"过来，应该可以凑够"五环"外的一个"首期"和装修费用。

买房、结婚的钱我们想好了来源，就开始考虑以后全家人的生活费用。因为房子贷款要50万元，每个月按揭3000多元，加上物业管理费、水电、管道煤气、电话费等等杂费一年就是55000元，一家三口伙食费及与朋友、同事应酬的钱一年2万元，交通费全家一年4000元，服装费3人一年1万元(不去商场买)，孩子上幼儿园每年15000元，其他费用如回家看父母的路费，买书上网的费用，日常生活的其他费用等一年6000元。其余所有需要花钱的娱乐一概忽略不计的话，全部加起来每年将近10万元。

也就是说，如果我买房结婚生小孩后，还是正常地过日子，以我每年6万元年薪、小琼3万元年薪算，每生活一年要负债1万元，如果算上一家人看病、父母养老和预留小孩读大学的钱，一年负债5万元以上。

当然，如果不买房而租房住，每年可以节省2万元，不养孩子的话可以节省25000元，不养父母又可以节省5000元，再加上一辈子不生病，这样我们两口人就可以维持现在的生活水平了。

但这可能吗？小琼嫁给我，没自己的房子住，养不起孩子，不能赡养父母，而且全家人都不能生病，这样的日子是不可能过下去的。

于是，为了不让小琼以后跟着我受苦，我和小琼分手了。与小琼分手后，我消沉了很久，我并不需要过奢侈的生活，只想住在自己的房子里，养一个孩子，给父母养老，这很过分吗？后来，数月我都无法从痛苦和迷茫中"走出来"。

我和一个家乡的朋友提起过自己在北京一年的开销和生活状态，结果她一大堆疑问，她说你们一线城市怎么会没有年终奖？年终奖怎么可能就只有1万元？怎么会没买车？怎么会收入不高？天啊，谁说一线城市就一定是满地黄金？任何一个地方，普通百姓工薪阶层永远是大多数。我不知道是我的收入太低了，还是有人刻意抬高了一线城市的收入，弄得似乎人人年薪几十万元。

现在，我把以前每月1500元租的房子换成了每月300元的群租房，一个房子里住了18个人，其中的委屈和难处就不说了，只要便宜就行。我也不敢出去吃饭，自己每天泡点方便面吃，以至于有段时间我看到方便面就想吐，但是，我必须存钱，我的收入就这么多了，我只能节省开支！

和一个旧日同学一起聊天，我们坐在路边的栏杆上，漫无目的地看着眼前经过的一辆辆"宝马"和"奔驰"。他忽然问我，现在最想做的一件事是什么？我想了想说，换个住的地方，因为天气就要热了，房间实在太小又没空调。我说你呢？他说，不知道，但我想"劫持"那辆"宝马"。我哈哈大笑，但是心里又有一点难受。

那一天，我们在租来的小屋里，吃着方便面，看大学时读过的《等待戈多》，我忽然感觉到了一点幸福。虽然目前的生活不是我想要的，但是，我想，明天不就像那个传说中的"戈多"，在被我无限等待着吗？无论它是否会到来，但是——希望在明天。

这个世界没有那么残酷，它只是不偏袒你而已

遇到比自己过得舒服的人，大多数人喜欢把"凭什么"挂在嘴边，似乎错的永远是这个世界，但太多的人习惯在还没有努力的时候，就断言这个世界的不公。然而，这个世界没有那么残酷，它只是不偏袒你而已。

是啊，世界上似乎到处都是不公平的事。放眼望去，比你有钱，比你有能力，比你地位高的人，数不胜数。进入社会的你，想想过去有父母在自己身边保护的无忧无虑的生活，怎么会不产生落差呢？于是你怨世嫉俗、愤愤不平，怨恨世界对你的不公。

一位亲戚的孩子，整个高中时代都在玩，他自知考不上大学，就自作主张退学了。他和人家一起做小生意，生意越做越大，现在在小城市里有房有车有老婆孩子，生活幸福，日子过得十分惬意。

于是，你觉得不公平：我认真读书，考上大学，考上研究生，毕业后进入公司每天起早贪黑地干活，每月拿的这点工资还不够自己的开销，何谈养活一个家？

是啊，这时候你就会说不公平，但当初人家没考上大学，你光知道嘲笑他了，那时候怎么不说不公平？一旦别人过得比你好了，你就开始感叹这个世界真残酷啊。

有的人他就算坐在图书馆里也并没有在学习；有的人哪怕在食堂里都认认真真地在学习。于是你说：我和他上一样的课，为什

么人家学习成绩好？想必他一定是天赋过人，天资聪颖，或者会"魔法"吧？

有的人感慨：我就是懒点，其他真的不比人家差。"懒"是一个很好的托词，就好像一旦勤快了你就真能干出什么大事儿一样。

有些人感慨：伯乐还没出现，还没到可以展现我能力的时候呢。错了，"伯乐"早就出现了，可你真的不是"千里马"。

有的人抱怨自己面试和老板亲戚分到一组于是被"刷掉"，有的人抱怨自己起得早还加班太多，有人抱怨自己每天6点钟起床挤地铁，有人抱怨房租太贵、工资太低。

当你们抱怨这个世界的不公平时，这个世界上还有连学费都交不起的学生，还有得了重病拿不出手术费的人，还有很多不工作就会饿死的人，还有出生时先天畸形、父母早亡、智力有缺陷的人。

这时候你为什么看不到这个世界的不公平呢？

这个世界，虽然不是生来就给了每个人公平，但是有很多事情，在公平的范围内，是可以通过努力来达到的。

这个世界虽然不公平，但是它创造了一个规则，那就是人尽力，依然可以过得更好。

一位年轻貌美的女孩，朵拉，在一个网上论坛金融版块上发表了一个"帖子"，题目是"我怎样才能嫁给有钱人？"她这样写道："我说的都是实话，我今年25岁，有天使的面孔、魔鬼的身材，十分有品位，谈吐也不俗，我想嫁给一个年薪50万美元以上的男人，我想我有这个资本。其实这个要求不高，在纽约年薪100万美元才算是中产。这里有年薪超过50万美元的人吗？结婚了吗？我特别想知道如何才能嫁给你们这样的有钱人？我约会过的人中，最有钱的年薪是25万美元，这似乎是我的"上限"。我想要住进纽约中央公园以西的高尚住宅区,这只有年薪达到50万美元的男人才能做得到。所以,我有几个问题想要请教:第一,那些"黄金王老五"一般都在哪里消磨时光?第二,您觉得我把目标定在哪个年龄段比较有希望?第三,为什么有些相貌一般、身材一般的女人却能幸运地嫁给大富翁?这不公平。"

一位华尔街金融家看到这个"帖子"后,这样回答:"亲爱的朵拉:我相信很多女士和你有着同样的疑问。恰好我是一个投资专家,可以从一个投资专家的角度对你的处境做一个分析。请放心,我不是在浪费大家的宝贵时间,我年薪超过50万美元,算得上您眼中的'有钱人',符合您对伴侣的要求。"

这位热心的投资专家是这样解释的:"从投资角度来看,选择跟您结婚是个失败的经营决策,道理很明显,简单地说,您的要求其实是一桩'财'和'貌'交易:您提供迷人的外表,我出钱来买下它,确实是公平交易。但是,有一个问题很致命,随着时间的流逝,我的钱不但不会减少,反而会逐年递增,但您却不可能一年比一年漂亮,您的美貌会很快消逝。因此,从投资的角度讲,我是增值资产,您是贬值资产,而且贬值得很快!如果容貌是您仅有的资产,那10年之后我肯定会亏损严重!投资中有'交易仓位'的术语,就是说一旦某种物资价值下跌就要立即抛售,而不宜长期持有。对于一件会加速贬值的物资,作为一个投资专家、一个年薪超过50万美元的人应该不会很'傻',应该选择暂时持有就是'租赁',而不是'买入',因此,我们只会跟你交往,而不会跟你结婚。所以,我奉劝您不要总是想着如何嫁给有钱人,有钱的'傻瓜'不太好找,您不如想办法把自己变成年薪50万美元的人,这样胜算还比较大。我的回答对您有帮助吗?顺便说一句,如果您对'租赁'感兴趣,可以联系我。"

哲人说过:"如果要绝对的公平,一分钟都不能生存。"

所以说,公平是相对的,美女与投资专家所认为的公平是完全不相同的。也就是说,你认为的公平对我来说不一定是公平,只有两人都认同的才算得上公平。可是这样的几率很小,因为人们常常都是从自身利益出发。

每个人都能说出一大堆自己遇到的不公平的事情,有些还能让人流下痛惜的眼泪。有人痛骂现在的社会充满欺诈,贪官污吏层出不穷;有的人利用自己占有的资源,一夜暴富,而没有任何资源的人,只能处处吃亏,辛苦劳动却所得甚少……难道生活就是这样的不公平吗?

你不是没有机会,而是当机会来到的时候你把握不住,就如同减肥一样,人人都知道要"管住嘴"、"迈开腿",但是又有几个人能做到呢?能做到的人,最后都成功了;做不到的还大有人在,并且他们还怀疑做到的人是不是走了"捷径"。

这个世界不可能绝对的公平,但是你不能让世界的不公平侵蚀了你自己的心灵。我曾也被他人生活中闪闪发光的东西迷失了自我,而我现在明白了,我没有必要去羡慕他们。因为他们有着他们想要的东西,我有着我自己想要的东西,这并不冲突。

总有人比我学习成绩好,总有人过得比我光鲜,然而这些都和我没关系——得到我想的,才是最重要的,我要努力去实现它。

我们始终都只是一个"小人物",但这并不妨碍我们选择用什么样的生活方式活下去。我们可以看透了生活的无奈,但依然还是选择不敷衍,依旧热爱生活,努力便是对自己的交代。

你如果想要变成"强者",就要配上"强者"的心。"强者"知道这个世界不公平,更明白自己能在不公平的规则之下做些什么,既然你没能力颠覆这一规则，就要默默为自己的目标努力。"强者"之所以为"强"，就是懂得规则，顺应规则，最后强大到自己创造了规则。

如果你一开始就无法接受这个世界给你的规则，那么你就永远只配是个抱怨的"弱者"。

别矫情了，别颓废了，不要问，不要等，不要犹豫，不要回头，要向前看。上天喜欢勇者，喜欢直面现实的勇士，现实的黑暗自有其存在的合理性，你要学会接纳，更要逆流而上，要尽可能地去改变不公平的事实，要以平常心、进取心对待生活，那么不公平也就会消失得无影无踪。

失去了春天的温暖，才能迎来夏天的热情

世人所谓的"得失"，大多是物质上的"得失"，但实际上物质"得失"只是"得失"中的一小部分。如果我们只盯着这一点，就很容易"钻牛角尖"，让自己活得很累。

如当一个人失败时，他很可能会感到无奈，觉得自己失去了很多，失去了时间，失去了精力，也失去了信心。但实际上他也得到了很多，得到了经验，得到了教训，也得到了磨砺，而且为下一个成功奠定了基础。这些价值虽然都是无法量化的，但它们的价值是无限的。

所以，我们应该学着换个角度来看"得失"。在某些情况下，失去本身就是一种得到，而得到也是另外一种意义上的失去。得到的越多，失去的也可能越多，而失去的越多，得到的也可能越多。因此，每个人都不要因为得到而过于欢喜，也不要因为失去而感到惋

惜，因"得"而"失"，因"失"而"得"，都是常有的事情。

"得"与"失"本来就是人生平常事，"得"与"失"是相辅相成的，有"得"必有"失"，很多人就是过于看重"失"，才会丧失对人生的信心。

其实，"失"并不是什么坏事情，古语有云："祸兮福所倚，福兮祸所伏。"当你失去的时候，却往往会收获另一种希望。有人甚至说，一个人若是想要得到一些什么，那么就必须做好为此失去一些什么的准备。

从前有个老翁，他家里的一匹马无缘无故地挣脱羁绊，不知道跑到哪里去了。四邻知道了这件事情后，都纷纷表示惋惜，劝说老翁不要往心里去。不过老翁对此并不以为然，他反而来安慰邻居："丢了马当然是件坏事，可是谁又能保证它不会带来好的结果呢？"

果然，几个月后那匹马突然自己回来了，还带回了另外一匹骏马。得知这个消息，邻居们又纷纷前来祝贺，还夸赞老汉有远见。不过，老翁看起来却忧心忡忡，他说道："现在看来的确是一件好事情，而谁知道这件事情会不会给我们带来灾祸呢？"

老翁的儿子天性好武，喜欢骑马，而家里凭空多了一匹骏马，着实让他高兴不已。于是，他天天骑着那匹马外出射猎。有一次，他在野外骑射时，烈马却脱了缰，他重重地摔在了地上，结果腿被摔断，成了终身残疾。善良的邻居们闻讯后，又赶来安慰老翁，可是老翁却还是一贯的作风："看起来这是一件坏事，可谁知道这件事情会不会带来好的结果呢？"

一年过后，胡人侵犯边境，大举入塞，朝廷到处征兵，那些身强力壮的男子都被征召入伍，结果他们十有八九都在战场上送了性命。而老翁的儿子因为是残疾，却逃过了这一劫，避免了这场生离死别的灾难。

这就是那个非常有名的典故:塞翁失马,焉知非福?

看来很多时候,"福"可以转化为"祸","祸"也可变化成"福",这种变化深不可测,谁都难以预料。故事中的老翁在"得"的时候没有十分高兴,而是想以后是否会面临更多危险和困境;"失"的时候也没有十分沮丧,而是想也许会给自己带来机会和希望。这种智慧,实在令人佩服,这种达观的精神,值得每一个人学习。

犹太人有一句意味深长的谚语:如果你断了一条腿,那么你就应该感谢上帝没有折断你的两条腿;如果你断了两条腿,那么你就应该感谢上帝没有折断你的脖子;如果你折断了脖子,那也就没有什么好担忧的了。短短几句话,轻描淡写地将十分残酷的事情表述了出来,还带着一丝幽默,这种过人的胸襟实在令人敬佩。

是的,当你换个角度来看待"得"与"失"时,那么就会收获一种超脱的境界,很多时候,希望就孕育在绝望之中。所以,面对生活中的不如意时,不要放弃,不要绝望,换个角度品味一下,你便能跨越"得"与"失"的界限。

夏天的一个傍晚,一位艄公正准备划船上岸,突然看见有一个人从岸边跳进了河中,艄公赶快把船划过去,看到那原来是一位年轻的少妇。艄公将她救起,问她:"看你年纪轻轻的,到底有什么过不去的坎,以至于要自寻短见?"

少妇哭着说道:"我结婚才两年,可是丈夫就遗弃了我,我把所有的希望都寄托在了孩子身上,可是前几天我的孩子又病死了。您说我活着还有什么乐趣?您为什么不让我死?为什么要救我?"

艄公听完她的话,沉思了一会说:"那么在两年前,你是怎样过日子的?"少妇说:"那时候是我一个人,自由自在、无忧无虑呀……"

艄公又问："那时你有丈夫和孩子吗？"

少妇回答说："没有。"

艄公说道："那么你现在只不过是被命运之神送回到两年前了，现在你又可以自由自在、无忧无虑了，多好啊，快上岸去吧……"听了艄公的话，少妇如梦初醒，她想了想，便释然地离岸走了。从此，她没有再寻短见，并且开始了她的另一段人生。

艄公的几句话便打消了那位少妇自杀的念头，他所做的，只不过是从另外一个角度帮那位少妇分析了她的人生，却让她看到了人生的希望和曙光。

人生在世，大部分的烦恼就是源于"得失"之心，许多人总是会感叹那小小的"失"，却不去想那既有的"得"。我们应该明白：有"小失"才能有"大得"；有局部之"失"，才能有整体之"得"。失去，是一种痛苦，但又何尝不是一种幸福呢？当你用不同的眼光去看待"得失"时，它便会有不同的意义。

失去了春天的温暖，才能迎来夏天的热情；失去了秋天的硕果，才能迎来冬日的洁白；失去了青春，才能得到成熟；失去了成功，却得到了经验。

一个人只有看轻"得失"，才能够活得轻松、活得自在、活得洒脱，才能找到人生的坐标，找到属于自己的道路。

别妄想了，谁的压力都不可能自动消失

很多成年人都喜欢说，要是我们永远不长大，做一个单纯懵懂的孩子，不用承担来自事业、情感、家庭、社会的压力，生活一定很甜蜜和轻松，世界一定很美好！

其实，这样的说法是有很多破绽的——因为压力本来就是无所不在的，从一个人出生开始，压力就如影随形。即使作为一个孩子，虽然没有生计的烦恼，却也要熟悉这个"新世界"的"雨雪风霜"，也会有各种各样的需求无法满足的失落。

年纪稍大一点后，孩子又会因为复杂的社会因素，与他人进行比较、竞争，形成实际的压力。

等到再大一点，只要孩子对生活有了较为明确的目标和要求，就必须承受一份来自环境、体系、制度的压力。但是，因为孩子天性中具备接受新鲜事物的特质，所以他们大多能很快消除压力带来的不适，进而稳重、沉着地应对挑战。

压力有大有小，你把它看得重，它就重；你把它看得轻，它就轻。与孩子的善于遗忘和善于学习相比，成年人由于太依赖于习惯和常规，对压力的态度就显得不那么友好！

然而，适当的压力对人来说，绝对是不可缺少的"清醒剂"。它让你不畏惧困难，懂得思考如何进入新的局面、如何打破旧的格局，甚至让你萌发自信和勇气，这些都是帮助你将来获得幸福的先决条件。任何人都要接受压力的挑战。

　　著名的凯撒从一个没落贵族荣升到罗马最高统帅，建立起庞大的帝国，每个时期他都肩负着沉重的压力，他跨越了重重险阻，最终才收获成功。

　　凯撒19岁时，家族权威人士从家族整体利益出发，要求他放弃原来的婚约，与当权派人士的女儿攀亲，甚至不惜使出各种手段对他进行胁迫。然而，面对压顶的阻力，凯撒毫不退缩，坚持自己的主张，甘愿让个人财产和妻子的嫁妆被没收，并上演了一场"出逃完婚"的剧目，为自己赢得了信守诺言的美誉，这也是后来将士们愿意追随他的重要原因。

　　当凯撒顶住了第一个巨大压力后，他又用了足足38年的时间，一步步从军营、战场，走向政坛，而在这一过程中，他时刻都要对抗难以计数的压力。在与压力抗衡的过程中，凯撒没有浪费时间去烦恼，而是把越来越沉重的压力变成动力，他不断挖掘自己的各种优势，发挥他的军事才能，并用他英俊的容貌、机智的谈吐以及坚毅镇定的心志博得了民众的好感，彻底扫除了拦在成功前面的障碍。

　　美国总统华盛顿说："一切和谐与平衡，健康与健美，成功与幸福，都是由乐观与希望的向上心理产生的。"不因压力而放弃既定的目标，这是凯撒取得辉煌成绩的原因之一。

　　明知道压力不可能消失，整天妄想没有压力的生活无疑是给自己心里增添烦恼。

　　其实，遭遇压力时最聪明的做法就是赶紧"跳出来"，分析压力来源，思考如何将它转变成有效的动力。

　　压力太大，容易让人一蹶不振；压力太小，则容易让人滋生惰性；适度的压力，不仅能让人保持清醒和活力，还能让人产生自我认同的心理。

比如，在拳击比赛中，有经验的教练都会帮选手挑选实力差不多、刚好可以刺激选手斗志的陪练进行训练，让选手可以在每一次比试中慢慢地进步。因为有外来的刺激，选手们不会有停滞不前的困惑，也不会盲目自信，如此他们才能通过不断克服压力，逐渐提升自己的实力。

20世纪最伟大的喜剧演员卓别林出生于演员世家，他的父母因感情不和而离异。当卓别林身体虚弱的母亲在一次演唱时遭到观众"喝倒彩"，即将失去她唯一的经济来源时，小卓别林却意外地被带到台上代替母亲继续演出。没有想到，卓别林虽然是初次表演，却十分冷静，他故意装出和母亲一样的沙哑歌喉来演唱，最后竟意外得到了观众的认可，赢得了热烈的掌声。虽然这个压力来得很突然，但卓别林却能及时解除压力，这次的表演，无疑是他获得成功的"第一个信号"。拿破仑曾说："最困难之时，就是离成功不远之日。"从那以后，尽管生活还是无比艰难，但卓别林却体会到自己在舞台上的魅力，他忘记了那些贫苦、抱怨，一次次认真地学习表演的技巧。

1925年，卓别林完成了描写19世纪末美国发生的淘金狂潮长片《淘金记》，奠定了他在艺术界的地位。但是压力并没有因为成功的到来而却步，由于有声电影的兴起，逐渐取代了传统的默片，卓别林的日子又逐渐变得非常难熬，他不仅要面对事业的没落，还要承受母亲去世的悲伤，还有和妻子传得沸沸扬扬的离婚案，以及电影《城市之光》的停停拍拍及放映权的谈判……重重压力下，让一贯以喜剧角色出现在世人面前的卓别林仿佛一下子苍老了20岁，一缕缕白发悄悄滋生。

当卓别林有一天突然意识到自己的颓丧于事无补时，他决定放下压力，横渡大西洋展开一次欧亚之旅，既是散心，又可以趁机为新片做宣传和吸收新知。

卓别林用了很长一段时间才让自己从压力中恢复了工作激情，最后他终于重拾风采，带着《摩登时代》出现在人们前面，获得了巨大的成功。

每个人在每个时期都会遇到压力。压力来临的时候，我们千万不要退缩、回避，而应该勇敢地接受它，找到改善的方法，如此才能把因为情绪所产生的不必要的压力统统释放！

用勇气和智慧去正视压力，压力就会变小，事态也会渐渐朝着好的方向转换，这就是眼前的"大成功"。

诗人歌德说："大自然把人们困在黑暗之中，迫使人们永远向往光明。"既然压力人人都有，无法完全消除，那么，我们不妨利用压力来改变我们的生活，创造出一个自己想要的结果。

请在"倒霉"时这样想：有人比你更"倒霉"

你永远不是最"倒霉"的那一个，总有人比你更"倒霉"。当你遇到不开心的事时，想想那些比你更"倒霉"的人，他们比你更有资格唉声叹气、自暴自弃。

有时候，"倒霉"会"爱上你"，与你形影不离，你走到哪里它就跟到哪里，你差点就要被它逼疯了，生活变得一团糟，你的心情完全像"乌云遮月"一样阴暗。这时，你怎么办？你怎么才能让自己的心情好起来？你要想：还有人比我更"倒霉"。

在一个工地，工人们正在辛苦地盖房子。这个房子有两层楼那么高，房子盖得差不多了，但是房顶上剩下了很多砖，于是老板就让一个建筑工人到房顶上，去把那些多余的砖弄下来。这个建筑工人很聪明，他想到了一个省力省时的好办法。他做了一个简单的定滑轮固定在房檐上，然后用一根很结实的绳子绕过滑轮，一头系着一个盛砖的大筐，另一头系在地上固定住。弄好后，他就往筐里装满了砖，这筐砖比他的体重要重。然后他就下到地面，解开了系在地上的绳子。结果灾难发生了，这个工人一下子被筐拉起来了，升到在中间时，急速下降的筐正砸向他的头，他赶紧把头偏向一边，筐砸断了他的左锁骨。但是筐还在继续下降，这个工人也继续在上升，升到房顶处的时候，他的手指卡在那个定滑轮的槽里，两根手指一下就被卡断了。这时筐也掉到了地上，砖头散落了一地。由于筐一下变轻了，所以就往上升，而人自然往下降，结果在中间这个工人又被筐撞断了两根肋骨。最后这个工人一屁股跌在地上，屁股又被乱砖给扎烂了，他手一松，结果筐一下掉下来砸在他的头上，当场把他给砸死了。

想必你没有这个建筑工人"倒霉"吧，所以，如果你遇到"倒霉事"，就想想故事的这个工人，你应该庆幸才对。

要说起"倒霉"，谁都是"倒霉事"一笸箩。在网上随便输入"倒霉"两个字，就能搜出上千万条"倒霉"信息，谁都觉得自己是最"倒霉"的人，可以看到很多类似"我是世界上最'倒霉'的人""有谁比我更'倒霉'""为什么我这么'倒霉'"等标题，总之，就是很"倒霉"、很郁闷、很难过、很痛苦，生活真是没劲透了，活着还有什么意思？

曾经也有个自认为很"倒霉"的人，他叫哈维。哈维常为很多事情而忧虑，他觉得自己很"倒霉"，先是工作没了，后来经商被骗破产了，花了7年时间才还清债务；妻子离他而去；孩子也总是给他找麻烦……总之，没有一件让他高兴的事，他觉得上天对自己太不公平了，什么"倒霉事"都让他碰上了。可是，有一天哈维突然转变了，人变得乐观了起来，不再时时抱怨说自己如何"倒霉"了。

那是1934年的春天，哈维正在一条街道上无精打采地彷徨着，突然有一幕景象落入他的眼中，让他备受触动、决心改变。哈维看见马路对面来了一个没有腿的人，他坐在一块简易的木板上，木板下面像溜冰鞋一样装了滑动的轮子，他的两手拿了木棍撑住地面往前滑，时刻注意躲闪过往的车辆和行人。过街后，那人准备把自己挪到人行道上去，人行道比马路高出几英寸，正当他的小板子翘起来的时候，哈维正好和他的目光相碰，那人很坦然地说："早上好，今天是个好天气，你觉得呢？"哈维有点吃惊，他现在才发现自己原来其实是很幸运的，至少他还有两条腿，能自如地走路，面对这样一个勇敢地面对生活的人，哈维为自己以前的自怨自艾感到羞愧，他才明白自己根本就算不上一个"倒霉"的人。

从此，哈维每天早起在刮胡子的时候，就看看贴在镜子上的那句话："别人骑马我骑驴，回头看看推车汉，比上不足，比下有余。"总有人比你更"倒霉"，你没有理由沮丧，要知道，生活其实很美好。

犹太人有句谚语："假如你失去一只手，就庆幸自己还有另外一只手，假如失去两只手，就庆幸自己还活着，如果连命都没了，就没有什么可烦恼的了。"当你觉得"倒霉"的时候，不妨换个角度看问题，看看自己还拥有什么，这样你会觉得自己还是很幸运的。比如，当你为洒掉半杯啤酒而懊恼时，不如为自己还拥有半杯啤酒而快乐；再比如，不小心摔倒时，你应该想——幸好我是在这里摔倒，而不是在危险的地方摔倒，有人不是掉到下水道里摔死了吗？真是老天保佑，我真是幸运极了。

有一个人跟随一个旅游团去外地观光，坐的是大巴车。路上要经过一段十分崎岖的山路，不过司机说他对这条路很熟，车开得很快。正当大家兴致勃勃地观赏窗外的风景时，悲剧发生了。大巴车与一辆货车几乎要撞到一块了，大巴车匆忙躲闪，由于车速过快，大巴车失去控制，一下翻到了山沟里，车里的乘客非死即伤。这个人也伤得很重，他的左腿被狠狠地卡到了车座里，后来被送进医院，医生不得不截去他的左腿，这意味着他从此要与假肢、拐杖和轮椅为伍了，但是这位朋友醒来后，并没有痛苦多长时间，他非常乐观。亲戚朋友们来看他，以为他是在强颜欢笑，一边安慰他，一边说他"倒霉"。但是这位朋友却说："还好，我觉得我很幸运，除了这个不听话的腿，我身上其他零件都还好好的，什么也耽误不了。那些丢了命的人才是最'倒霉'的。"

记住，你永远不是最"倒霉"的那一个，总有人比你更"倒霉"。当你遇到不开心的事时，想想那些比你更"倒霉"的人，他们比你更有资格唉声叹气、自暴自弃。仔细想想，你是不是还拥有其他的东西？比如，有一份自己喜欢的工作，有两个可以诉苦的朋友，有几件不错的衣服可以替换，还有健康的身体，还能看见明天的太阳……这样想想，你还有什么不满足的呢？

我一直以为，我的生命不要被别人保证

梦想是一个人存在的理由，否则人生就失去了其价值和意义。心中有梦想，人生就不会丧失希望，有梦想的人生才有目标，才会为了实现目标去奋斗，人生因梦想而精彩！

在日本，有一位"五星级擦鞋匠"，他的名字叫源太郎。

源太郎初中毕业后为了糊口，曾经到处打零工。偶然的一天，一位客人让他帮助自己擦皮鞋，源太郎认真地把他的皮鞋擦得锃亮，最后得到了丰厚的小费。从这以后，他决定把"擦鞋"当成自己的事业，他的梦想是：成为世界上最优秀的擦鞋专家！

为了实现这个梦想，他先是花费3年的时间，遍访了所有手艺好的擦鞋匠，虚心地向他们请教擦鞋的技巧。同时，他总结别人的经验和缺点，研究出自己独特的擦鞋方法。他不仅追求把鞋擦得干净、擦亮，还仔细地研究皮鞋的类型、质地。每有新品牌的皮鞋上市，他都要去买一双鞋亲自体验一番，尽管那些鞋的价格非常昂贵。

对皮鞋的了如指掌，使得他擦鞋的技术达到了炉火纯青的程度。他会根据不同品牌的皮鞋，选用不同成分的鞋油。遇到一些颜色罕见的皮鞋，他就用几种颜色的鞋油自己调制。他还仔细地研究了各种鞋油的性质，努力做到既光亮，又充分滋润皮革，让光泽保持得更持久。

就这样，源太郎出名了，他成为希尔顿饭店的"定点擦鞋匠"，希尔顿饭店负责人称赞源太郎是"五星级的擦鞋匠"。他的手艺异常受欢迎，连日本前首相以及日本的财界大亨等一些著名人物都成了源太郎的常客。还有一些世界级明星，如迈克尔·杰克逊等人都曾把鞋送到他那里擦过。

源太郎的梦想实现了，他成为世界一流的擦鞋匠。

一个小小的擦鞋匠，凭着满腔的热情和激情，也能取得如此大的成就，这就是梦想的力量。

有位哲人说："离开了梦想，任何人都算不了什么；而有了梦想，任何人都不可以小觑。"无论你身处怎样的环境，只要心中的梦想不灭，你就会在生活中释放出你的激情，将短暂的一生过得富有意义。

希拉里·罗德姆·克林顿曾说过，自己成功的秘诀之一就是敢为梦想付出代价。追梦的路上，充满艰辛和困苦。然而，为了到达梦想之巅，这些荆棘是你必须要面对的，你遭受的失败和打击也是你不得不为梦想付出的代价。因为只有不怕付出代价、勇于付出代价的人，才会最终实现自己的梦想。

失去了安逸的生活，是为了追求人生历练；失去了高薪工作，是为了在自己想要的领域获得提升；失去了恬适的生活，是为了朝最终的目标迈进。如果你害怕为此白白努力，害怕付出代价，那么就等于束缚了你行动的手脚，但是只要你敢于付出代价，坚持不懈的努力就能助你实现目标。

有个男孩心中一直深藏着两个梦想，一个是长大后去环游世界，另一个是当一名作家。由于家庭贫困，他只能将梦想埋在心底，帮爸爸干活挣钱。

一天，他在干活时发现了一张埃及地图，便出神地看起来，心早就飞向那个神秘的国度了。可父亲的巴掌使他从幻想中清醒过来，父亲夺过他手中的地图撕成碎片，说："干你的活吧！我保证你一辈子也去不了那么远的地方！"他望着被撕碎的地图久久不语。

他每天傍晚都去不远处的林中扫落叶，每次都偷偷带上一本书，抽空看上一会儿。可最终还是被父亲发现了，父亲对他说："你今天把明天的落叶都扫完，明天我就让你看书！"他一听高兴极了，抱住每一棵树使劲摇晃，许多叶子飘落下来，他扫完这些树叶，心想明天该有一个清闲的傍晚了。可第二天傍晚他来到林中，惊讶地发现地上又落了一层叶子，懊恼之余，他释然了：今天扫完今天的树叶，明天的树叶不会在今天掉下来，不要为明天烦恼，要努力地活好今天这一刻。

许多年以后，他的作品被人们誉为"世纪末最清明的文章，人世间最美妙的声音"，他就是台湾著名作家林清玄。

他在埃及的金字塔下给父亲寄了一张明信片，上面写着："我一直以为，我的生命不要被别人保证！"

自己的人生，自己把握；自己的梦想，自己描绘。一个人的梦想如果轻易地就被别人的威胁或言语击碎，那么它就不是他真心想要实现的梦想。一个真正伟大的人是敢于造就梦想且不畏人言，在任何风吹浪打的情况下都会不遗余力去追求自己梦想的人。每个人都要对自己的梦想负责，只做梦，不去实现梦想的人，没有资格抱怨不公平。

苏格拉底曾说：世界上最快乐的事，莫过于为理想而奋斗。每个人心中都有美好的梦想，只是在现实生活中，由于种种原因，美好的梦想都一一凋零了，能实现梦想的人很少。

其实，人不管身处何时何地，用自信和努力浇灌心中的梦想，梦想之树便会永远青翠。别"枯萎"了心中的梦，每天靠近它一点点，总有一天你会到达梦的远方！

第 四 章

意志力只是一个神话，
赐予你力量的是"激情"的驱动

当我们谈跑步时,我们谈些什么

(现身说法:许村,女,28岁)

　　昨天和一个导演谈完以后已经是晚上9点了,而且我手里还拎着一个笔记本电脑,拿着一份甲方给的资料袋,抱着一个装羽绒服的大纸盒子,挎着一个里面装着书、记事本、硬盘等乱七八糟一堆东西的手袋,穿着高跟鞋走在去地铁站的台阶上。我感觉自己又狼狈又烦闷,心里不停地问自己为什么要接这个"私活",干这些的意义是什么,就为了那点钱吗?

　　然后,我就听到了那首《卡农》,而且是最高潮、最激昂的部分,那是一个盲人, 他蓄着长发, 站在地铁站的一个角落里拉着小提琴。我鼻子一酸,想起那个非常有名的励志广告来,因为那个广告也用了《卡农》这首古典音乐。广告片讲了一位哑女向路边的一个老艺人学习小提琴,在生活中她受到各种艰难与磨难,但是都没有放弃她的音乐梦想,最后她站在音乐的舞台上,用孱弱的身躯激昂命运的伟大,用那支破碎后又粘合好的小提琴在舞台上显示她"破茧成蝶"的威力时候,全世界都看到了她的光芒,最后以一句"you can shine"("你也可以发光")结束了全片。

是的,我这么辛苦地工作是为了实现自己的梦想,而且我正在干着一份自己热爱的工作,这是身边许多人羡慕我的原因。

前几天有个"豆友"("豆瓣网上的好友")给我发来这样一封信:

我是一名即将毕业的大四学生,我现在感到很迷茫,之前曾有设想好的人生,但是现在却一点都没有实行,或许是我想得太不实际了,或许我觉得自己十有八九会失败,或许是因为我的致命弱点——太懒了。

但问题是,我现在每天都浑浑噩噩的,我很不满意自己的现状。

还有,我原来是个很快乐的人,但最近却一点都开心不起来,因为我对自己的未来感到迷茫。

我问他:"你喜欢做什么,觉得自己能够做什么呢?"

他回答:"我不知道啊!我喜欢旅游,于是很多人都对我说你去做导游,其实我不想做导游,做导游太辛苦了。但是我还能做什么呢?我现在严重怀疑自己的能力!我到底想要什么呢?"

类似这样的信我还收到好几封,这让我想起一个星期前我和我的表弟的对话,他也是一名即将毕业的大学生:

——姐,我快毕业了还不知道自己毕业了要干什么!

——你有没有自己想做的事情啊?

——没有。

——那你有梦想或者理想吗?

——也没有。

我虽然不能肯定地说梦想能让人吃饱穿暖、衣食无忧,事实上它甚至可能会让你忍冻挨饿,面对现实生活中更多的艰难困苦,但是我可以肯定的是梦想能够让你每天不再浑浑噩噩,让你的生活每天都充满活力,能够带你到一个更广阔的地方,能够给你带来更多的幸福感。

当然我也可以举出许多例子告诉你梦想不仅让有梦想的人衣食无忧，而且获得了巨大的成功，比如中国有创立"万科"的王石，美国有众人皆知创立"苹果"公司的乔布斯，日本有著名建筑大师安藤忠雄……这样的例子不胜枚举，但那都只是别人而不是你。

梦想是什么？梦想是一个人内心真正的热爱，梦想是一个人愿意为其吃苦受累却仍然感觉幸福快乐的追求，梦想是使得一个人每一天朝气蓬勃活着的内在动力。

我记得乔布斯在斯坦福大学毕业典礼上的演讲中有这样一段话：

"有时候，生活会用板砖砸你的头。一定不要失去信仰。我知道，唯一支撑我前进的东西就是：我爱我所做的事。你必须找到你所爱的东西。这句话不仅适用于你的工作也同样适用于你的恋爱。

"你的工作将构成你生活的大部分，而唯一能让你真正从工作中得到满足的办法就是爱你所做的事。假如你还没有找到它，继续找吧。不要停下脚步。同所有与心灵相关的东西一样，当你找到它时，你会知道的。而且就像那些美好的爱情一样，它会随着岁月的增长而越加醇美。"

是的，如果不是爱你所做的事，你如何能一日又一日地投入自我的心力与时间？就像，如果不是因为爱这个人才与其结合，那如何对抗婚姻中的琐碎、压力以及漫长岁月所带来的疲惫？

村上春树在《当我谈跑步时，我谈些什么》中说："突然有一天，我出于喜欢开始写小说，又有一天，我出于喜欢开始在马路上跑步。不拘什么，按照喜欢的方式做喜欢的事，我就是这样生活的。"

"无论何等意志坚强的人、何等争强好胜的人，不喜欢的事情终究做不到持之以恒。"无疑,写作和跑步是村上春树热爱的事,也许跑得更远、写得更好就是他的梦想。

在我看来,意志力是非常不可靠的,你越强调它,越依赖它,你中途放弃的可能性也就越大。因为意志力总有可以承受的极限,就像一根已经绷得很紧的绳子,若是再用力的话,随时都会绷断。

如果我能长期坚持去做一件事,一定是这件事带给我的丰盈感和满足感超过了我的所有付出,一定是这件事日日夜夜萦绕在我的心头让我欲罢不能,一定是这件事唤起了我内心深处最强烈的兴趣。也就是说,赐予我力量的,是激情的驱动,而不是意志力的鞭策。

像坚持"初恋"一样坚持"激情"

"三月不减肥,四月徒伤悲,姐妹们,从今天开始我一定要减肥,我的柜子里还有好多漂亮裙子呢,再不减肥都要穿不下去了,你们可一定要监督我啊!"

"哎呀,我也要减肥,从今天起,咱们去操场跑步吧?坚持一个月,我就不信咱们减不下来!"

"好啊,搭伴减肥相互促进,咱们要将减肥进行到底!"

当天晚上,这几个姐妹兴冲冲地直奔操场,每人跑了三圈,大家都兴高采烈,好像已经看到了夏天自己裙角飞扬的样子。

第二天晚上,领头的女孩说:"走,跑步去!"只有一个女孩响应了,她们每人跑了两圈,回来的路上两人已经没有了昨天的兴致。

第三天晚上,她们都在宿舍里休息,有人问:"还跑步吗?"几个女孩相视一下，几乎异口同声地说："过几天再跑吧，好累啊，前天跑得腿到现在还酸疼呢！"

第四天晚上，第五天晚上……她们再也没有人提起跑步的事情。

夏天到了，她们纷纷抱怨起来："唉，这么胖，裙子都穿不进去了，真是的，说要减肥也没减下来。"

生活中，有许多只有"三分钟热情"的普通人，他们做事只停留于一时的热情，而缺乏耐性，不能持之以恒。比如，听完某个先进人物事迹的报告会后，有的人就会被深深触动，开始进行深刻的自我反思，决心向先进人物看齐，为此还洋洋洒洒地写下长篇的感悟和决心，可是"高标准"还没持续几天，就又产生惰性，陷入原来的懒惰状态，结果，先进人物还是先进人物，他也还是原来的他。

其实，人和人的区别就在于，当人人都能感受到的最初的"激情"过去后，你还能不能在平静甚至单调的日子里持续下去，把兴趣培养成专长。

巴拉昂曾是一位媒体大亨，以推销装饰肖像画起家，他从贫穷到富人的蜕变，只用了短短的10年时间，10年之后，他就迅速跻身于法国"五十大富翁"之列，不过他因前列腺癌于1998年在法国博比尼医院去世。临终前，他留下遗嘱，把4.6亿法郎的股份捐献给博比尼医院，用于前列腺癌的研究；另有100万法郎作为奖金，奖励给揭开"贫穷之谜"的人。

其遗嘱刊出之后，媒体收到大量的信件，有的人骂巴拉昂疯了，有的人说是媒体为提升发行量在"炒作"，但是多数人还是寄来了自己的答案。

在这些答案中，很多人认为，穷人最缺少的是金钱，这个答案占了绝大多数，有了钱就不再是穷人了，这似乎是不需要动脑筋就能想出来的答案。另外一部分人认为,穷人最缺少的是帮助和关爱,人人都喜欢关注富人、明星,对穷人总是冷嘲热讽、不重视。还有一部分人认为,穷人最缺少的是技能。现在能迅速致富的都是有一技之长的人,有些人之所以成为穷人,就是因为他们学无所长。此外,还有的人认为,穷人最缺少的是机会。某些人之所以穷,就是因为时机不对,股票疯涨前没有买进,股票暴跌后没有抛出,总之,穷人都"穷"在没有好运气上。当然,还有一些其他的答案,比如,穷人最缺少的是漂亮,是皮尔·卡丹外套,是总统的职位,是沙托鲁城生产的铜夜壶,等等。总之,答案五花八门,应有尽有。

那么,正确答案是什么呢?在巴拉昂逝世周年纪念日,他生前的律师和代理人按照巴拉昂生前的交代,在公证人员的监督下打开了那只保险箱,在48561封来信中,有一位名叫蒂勒的小姑娘猜对了巴拉昂的答案。蒂勒和巴拉昂都认为穷人最缺少的是野心,即成为富人的野心。在颁奖之日,媒体带着所有人的好奇,问年仅9岁的蒂勒,她为什么能想到答案是野心。蒂勒说:"每次,我姐姐把她11岁的男朋友带回家时,总是警告我说不要有野心!不要有野心!我想,也许野心可以让人得到自己想得到的东西。"

巴拉昂的谜底和蒂勒的问答见报后,引起不小的震动,这种震动甚至超出法国,影响到了英国和美国。即使是一些好莱坞的新贵和其他行业几位年轻的富翁在就此话题接受电台的采访时,都毫不掩饰地承认:野心是永恒的"特效药",是所有奇迹的萌发点;某些人之所以贫穷,大多是因为他们有一种无可救药的弱点,即缺乏野心、没有"激情"。

"激情"能创造出财富,也能创造出奇迹,可以说"激情"是"奇迹之母"。美国成功学大师卡耐基称"激情"为"内心的神",他认为

"一个人成功的因素很多，而首要的因素就是"激情"。没有"激情"，无论你有什么能力，都发挥不出来"。大凡能创造出奇迹的人，他们并没有什么特异功能，靠的只是一股激情。

"激情"是一种力量，它可以融化一切，正如西点军校将军戴维·格立森所说："要想获得这个世界上的最大奖赏，你必须拥有过去最伟大的开拓者所拥有的将梦想转化为全部有价值的献身热情，以此来发展和展示自己的才能。"而我们现在要做的就是正视"激情"、重视"激情"，用充满"激情"的心拥抱未来。

越有"激情"的人也越容易保持青春的状态，"激情"让人年轻。人的青春就如同人的大脑，勤思考、勤动脑，头脑才会转得越快。而保持"激情"状态，就会让人的心灵年轻起来。

所谓"激情"，就是要有一种面对困难敢于克服、面对机遇敢于挑战、面对艰险敢于探索、面对落后敢于奋起、面对竞争敢于争先的勇气。"激情"不是一个空洞的名词，它是一种力量，是一种精神支柱。

马云有一句话是："只有你想不到的，没有马云做不到的。"从这句话中，我们可以体会到他无与伦比的"激情"，"激情"对于成功者来说是相当重要的，一个人如果没有"激情"，就会觉得什么事都不想做，也什么事都做不好，导致越来越消极、越来越颓废，最终只能是碌碌无为、一事无成、走向失败。对于一个年轻人来说，如果没有"激情"那是非常危险的事。

美国《今日心理学》杂志曾报道，一般人可能认为，成功只需要一个聪明的脑袋，但事实上，对于大多数成功者来说，聪明并不是"第一位"的，更重要的是"激情"。

的确，"激情"常常激发人意想不到的创意。因为拥有"激情"，人的大脑便会保持长时间的兴奋，使思想随意碰撞、交织、融会，创意便常常在其中诞生;并且,人拥有"激情",便习惯从任何事物中发掘其本质,激发自己的灵感。"激情"还使人敢于谋事,善于做事,让创意践于实际,以务实的作为映衬空谈的懦弱。

马云无疑是一个很有"激情"的人,见过马云或者在电视上看到过马云的人,都会被他那种好像全身都充满着的"激情"所感染。事实上,马云也正是因为"激情"才获得极大的成功。

1999年,当"阿里巴巴"还并不被大多数人知道并接受的时候,马云就对同伴宣称:"我们要做一家80年的公司,要进入全球网站的前十名。"就在这时,曾在瑞典Wallenberg家族主要投资公司InvestorAB任副总裁的蔡崇信,到"阿里巴巴"来探讨投资。几次接触下来,蔡崇信被马云的思维和"激情"给"捕获"了。他当即决定,要放弃75万美元的年薪,加盟"阿里巴巴",领取每月500元的薪水。马云的"激情",不仅使自己突破重重困境,而且也感染并吸引着和他接触过的每一个人。

后来,马云更是"激情四溢"地宣称:"我们要做一家102年的公司,要进入全球网站的前三名。"所有这些"疯狂"的想法,都是"激情"使然。

正是看中了马云的这一点,当时"软银集团"董事长孙正义在选择投资对象时,只用了短短6分钟时间,便毅然决然地选择和"阿里巴巴"合作,融资2000万元。

孙正义的"软银公司",每年要接受700家公司的投资申请,但是大约只有10%,也就是只有70家左右的公司才能够如愿以偿得到投资,而且其中只有一家公司孙正义会亲自去谈判。而"阿里巴巴"却让孙正义在短短的6分钟之内就做出了投资的决定,他说正是马云的这种创业"激情"和领导气质吸引了他。孙正义见到马云时说："马云，保持你独特的气质，这是我为你投资的最重要原因。"

　　"激情"让人相信任何事情都有解决的办法，关键在于你的对策是否切实、有效、具有针对性。"激情"促使人们想方设法找到问题的症结，寻求对症下药的"良方"，让困难在自己面前低头。面对同样的问题，"激情"的勇者，想的是如何设法化解、战胜困难；而懦弱者，想的则是如何"一停二看三逃避"。一样的难题，一样的挑战，却有不同的态度，不仅表现出不同的思想境界，而且必然带来不同的发展局面和后果。

　　美国成功学大师拿破仑·希尔认为"激情"是一种意识状态，能够鼓舞和激励一个人对手中的工作采取行动。有一天晚上，他工作了一整夜，因为太专注，使得那一夜仿佛只是一个小时，一眨眼就过去了。他又继续工作了一天一夜，除了其间停下来吃点清淡食物外，未曾停下来休息。如果不是对工作充满"激情"，他不可能连续工作一天两夜而丝毫不觉得疲倦。因此，"激情"并不是一个空洞的名词，它是一种重要的力量。

　　每次希尔在评价一个人的时候，除了考虑它的能力、才干之外，还非常看重他的"激情"，因为人如果有了"激情"，就会有无限的潜力。要是你没有能力，却有"激情"，你还是可以使有才能的人聚集到你身边来。假如你没有资金或设备，若你有"激情"说服别人，还是有人会回应你的梦想的。"激情"很多时候就是成功和成就的源泉，你的意志力、追求成功的"激情"愈强烈，成功的几率就愈大。

　　如果我们留意自己身边，可以发现，有些人，他们的专业知识并不过硬，人也不是很聪明，但往往取得了令人咋舌的成就。这样的事实证明，有些人之所以可以获得成功，往往归结于他追求理想的"激情"。"激情"能够让人尝试平常人从未想过、自己也没有一点把握的事情,但内心的"激情"涌动,禁不住尝试前所未有的事情,人的潜能继而被激发出来。

所以,用"激情"来武装自己吧,"激情"就是最好的化妆品,没有"激情",再昂贵的化妆品也难掩饰一个人内心的老态,再漂亮的彩妆也会因为一个人的举手投足间的死气沉沉而显得苍白无神。拥有"激情",是一切美好的开始。

我们不妨问问自己,想要年轻吗?想要成功吗?如果答案是肯定的,那么你就要先保持一颗火热的心!

不满足现状,才能有更大的发展空间

有这样一个故事。

徒弟去见师傅,说:"师傅!我已经学成了,可以出师了吧?"

"什么是学成了呢?"师傅问。

徒弟答:"就是满了,装不进去了。"

师傅笑曰:"那么装一大碗石子来吧!"

徒弟照做了。

"满了吗?"师傅问。

"满了。"

师傅抓来一把沙子,放入碗里,没有溢出来。

"满了吗?"师傅又问。

"满了。"

师傅又抓起一把石灰，放入碗里，还是没有溢出来。

"满了吗？"师傅再问。

"满了。"

师傅又倒了一杯水进去，仍然没有溢出来。

"满了吗？"

"……"

这就是人生的哲学，何为"满"？何时"满"？这是一个值得人们思考的问题。

成功者和普通人的差别在于，普通人只看到面前的一片天空，而不知道远方还有更高、更远的天地值得他们去开拓。鲁迅说过："不满足是向上的车轮。"这"车轮"必能把你带到更美好的世界，引领你到更开阔的天地。

不满足于现状，不满足于琐碎，才会对这个世界有所希冀，才会对自己的生活有所追求……才会对身边的一切有所要求，才有因不甘于重复而萌生要改变的心，才能牵动我们的每一寸神经、每一块肌肉，才能使我们热血沸腾、热火朝天地大干起来。

不满足于现有的，不满足于已掌握的，才有科技的不断进步，才有人类文明的不断发展……才有理想的不断实现，才致使许多梦想不至于陷入空谈，才致使许多新事物的出现。

"盛大网络"创始人陈天桥曾说过这么一段话："当每天收入达到100万元的时候，我觉得它是诱惑，它可以让你安逸下来，让你停下来享受，让你能够成为一个'土皇帝'。当时我们只有30岁左右，急需要有一个人在我们的身边鞭策自己。就像唐僧去西天取经一样，到了女儿国，有美女、有财富，你是停下来还是继续前行？我们希望有人不断地在我们身边督促说:你应该继续往你'取经'的地方去,这才是你的理想。"

作为一个创业者,常常会面对诸多的诱惑和诸多的困难,如何才能克服一切干扰,而持续追逐自己的最初梦想呢?这个时候,就要求创业者要仔细分析和掂量一下坚持梦想的诸般好处。

小小成就虽然也是一种成就,也是自己安身立命的资本,但社会的变化太快,"长江后浪推前浪",如果你在原地踏步,社会的潮流就会把你抛在后面,"后来之辈"也会从后面追赶上你。相比起来,你的"小小成就"在一段时间后可能根本就不算是成就,甚至还有被淘汰的可能。

如果创业者不满足于目前的小小成绩,他就会充实自己、提升自己,将自己的事业做强做大,为社会做出贡献,进而实现自己的人生价值。一个不满足于目前成就的人,就会积极向高峰攀登,就能使自己的潜力得到充分的发挥。比如,原本只能挑100斤重担的人,因为不断地练习,进而突破极限,能挑起120斤甚至150斤的重担。

对于那些永不停息地追求自己梦想的人来说,他们总觉得自己身上还存在某些不完美的因素,因而总是渴望着进一步地改善和提高,他们身上洋溢着旺盛的生命力,从不墨守成规,这使得他们总认为任何东西都有改进的余地。这些人不会陶醉在既有的成就里,他们会想方设法达到更美好、更充实、更理想的境界,正是在这一次次的进步当中,他们不断完善着自我,也完善着人生。

远大的理想就像《圣经》中的"摩西"一样,带领着人类走出蛮荒的沙漠而进入充满希望、生机勃勃的大陆,进入太平盛世。那些满足于现有的生活和被困难吓倒的人,往往会停止前进,他们最终将无法到达自己梦想的"大陆"。

无论是一个社会,还是一个集体或一个组织,我们都不能指望那些满足于取得一时成就的人会有什么大作为,即使在他们的身体里还有许多潜能可以挖掘,但这些最终也只会以各种各样的方式白白浪费、耗损。面对一点点的"小成就",他们就安之若素,永远只能被眼前的"小成就"蒙蔽了眼睛,看不到"山外有山,人外有人",也不知道人生还有更多伟大的目标等着他们去实现。

无论是对于一个企业还是一个人来说,安于现状,最终的结果就是逐渐荒废和消亡。只有那些不满足于现状,渴望着点点滴滴的进步,时刻希望攀登上更高层次的人生境界,并愿意为此挖掘自身全部潜能的人,才有希望达到成功的巅峰。

恭喜你,没有浪费太多的时间

一个男孩找到了工作。可是,在试用一个星期之后,他向主管提出辞职。那位女主管在这个行业中资历相当深,她每天做着重复的工作却乐此不疲,这让他很不解。

"起初,我以为我是很有兴趣的。工作了一个星期之后,我才发现我对这个工作一点兴趣都没有。"这个男孩说得理直气壮。

"我该恭喜你。到少你才做了8天,就发现你对这份工作不感兴趣。"她感触万千地看着他,虽然有点失望,但没有责怪对方。

几天前,他来应聘的时候,兴致勃勃地表现出他对这个行业的热爱。他那份"不入此行,终身遗憾"的豪情壮志让她格外看好。

她想,他缺乏经验没有关系,热忱才是年轻人最大的资本。基于这个理由,她很快说服自己,也说服了高层主管。没想到,"三分钟热度"的遗憾竟发生在他的身上。是应该怪自己看走了眼,还是要怪这年轻人太莽撞?

"说真的,我很想知道,你在这种工作上熬了多久?"临走前他不解地问。

"8年,"她斩钉截铁地说,"我做这个工作,做了8年,而且越做越觉得它有趣,因为我觉得除了它,别的我什么也做不好,它就是我最擅长的工作。"

"8年? 我做了不到8天,就觉得无聊死了。"他坦白地承认。

"我不清楚你的状况,不知道你是判断错误入错了行,还是碰到一些困难而退缩? 不过,如果你真的觉得这个工作不适合你,我真心恭喜你,你没有在这里浪费太多时间。有些人,做了半辈子,结果一事无成,才发现原来自己从来没有喜欢过这份工作。就像有些人,结婚几十年,才发现自己从来没有真正爱过对方。这种感觉是很可怕的。"

一个能够及早发现自己兴趣的人,并且将兴趣培养成为专长的人,他一定是站在"成功队列"中的人。

比尔·盖茨曾经说:"做自己最擅长的事。"一个能够及早发现自己兴趣的人,并且将兴趣培养成为专长,这个人一定是站在"成功队列"的人。

杰克逊生于一个物理世家,父母都是物理界的知名学者。他的父母希望他将来也成为物理学界的泰斗,于是夫妇俩从小便向杰克逊灌输各种物理知识,但不知是什么原因,小杰克逊无论如何对物理也提不起兴趣,却对经商情有独钟。他在夜里偷偷地学习有关商业及商业管理方面的知识，几乎到了如饥似渴的地步。

但他无法违背固执的父母的意愿，成年后，他不得不到父亲所在的学校教物理，但他知道，物理绝不是他的特长，他相信，他的经商才能与商业知识，足以使他在商界成名。

终于，父母放弃了对他的要求，却不提供任何帮助。若干年后，积累了丰富商业知识的杰克逊终于在商场上有了自己的一席之地，成为英国首屈一指的房地产大亨。

大多数人只会羡慕别人，或者模仿别人做事，很少有人去认清自己的专长，了解自己的能力，为自己设立一个切实可行的目标，朝着这个目标全力以赴，从而导致他们一次又一次地与"机遇女神"擦肩而过，与"成功女神"永远只差一步。

据调查，有28%的人正是因为找到了自己最擅长的职业，才彻底掌握了自己的命运，并把自己的优势发挥到淋漓尽致的程度。这些人自然都跨过了"弱者"的门槛，而迈进了"成功者"之列。相反，那72%的人正是因为不知道自己的"对口职业"，而总是别别扭扭地做着自己不擅长的事，因此，不能脱颖而出，更谈不上成大事了。

一位哲人曾说过："一个人所成就的事业，必然是这个人的特长，舍长取短是天下最愚蠢的人才干的事。"因此，可以说，每一个人、每一个企业都有自己的优势、自己的擅长，只有善加利用、发挥，才能不断发展、壮大，才能成功，才能打造成一个"品牌"。

一个人的一生能够得到多少"成就"，主要来自于他对自己擅长的工作的专注和投入。对此，有一位著名的经济学教授曾经引用3个经济原则作了贴切的比喻。他指出，正如一个国家选择经济发展策略一样，每个人都应该选择自己最擅长的工作，做自己专长的事,才会胜任,才能成功。

换句话说,当你在与别人相比时,不必羡慕别人,你自己也有自己最擅长的工作,你自己的专长对你才是最有利的,这就是经济学强调的"比较利益"。这是第一原则。

第二个是"机会成本"原则。一旦自己做了选择之后,就得放弃其他选择,两者之间的取舍就反映出这一工作的机会成本,因此你必须全力以赴地做好自己的工作。有一位知名作家,他曾兼顾两种兴趣:写作和实验。后来,他看到朋友们一个个都有了自己的成就,而自己在两个兴趣之间忙碌,却一事无成。于是,他决定放弃其中一个。他放弃了做实验,最终,他成为知名的作家。

第三个是"效率原则"。工作的成果不在于你工作的时间有多长,而在于成效有多少,附加值有多高。如此,自己的努力才不会白费,才能得到适当的报偿与鼓舞。

境遇是自己开创的,成功是自己造就的。你不要看轻自己,你要相信自己的能力是独一无二的,尽量做自己擅长的事,你也许正在完成一件了不起的事,有朝一日,你或许真的可以变得"不平凡",从而成为人们羡慕的成功者。

一次只打开一个"抽屉"

在一般条件下,太阳光的温度再高,也不可能将地球表面上的物体点燃起来。然而,如果用一面放大镜却可以做到这一点。通过调整放大镜与纸张之间的距离,把所有的光线聚焦到一个点上,经过一段时间的照射，纸就会燃烧起来。从理论上讲，只要放大镜足够大，它就可以点燃或熔化任何东西。

其实，放大镜这一聚焦的特性早已被各行各业的知名人士所应用。

德国著名哲学家黑格尔认为："一个大有成就的人，他必须如歌德所说，知道限制自己；反之，那些什么事情都想做的人，其实什么事都不能做，而最终归于失败。"

"专注"是一种非常重要的心态，你只要把心中的一切杂念清除得干干净净，对准你的目标前进，它就会成为你走向成功的起点。

但生活中，我们的心总是被不同的事情分割了，这件事情占据一块，那件事情占据一块，原本一体的心等于被"五马分尸"了，这样，我们怎么能够安心、静心呢？

史书上记载，拿破仑在全盛时期几乎统治了半个地球，但战败后却被囚禁于一座小岛上。当烦闷痛苦之情难以排遣时，他说："我可以战胜无数的敌人，却无法战胜自己的心。"可见，再伟大的人，再英明的人，"心"不定，一切都如浮云。

佛家讲求"修心定性"，通俗地说，就是要随时让自己的心归置在一处，安静体察，自得安宁。

据说，印度曾有位国王一心想了解"心"的力量究竟有多大，于是他派人从牢狱中找来了即将被问斩的囚犯，并对这个囚犯说："你就要被问斩了，不过我可以给你一次重生的机会。现在你手捧一碗油，把它放在你的头顶上，在城内的大街小巷绕一圈。如果你能不洒落一滴油的话，我就赦免你。"

本来处在绝望中的囚徒，听到国王的话后，突然间好像看到了生的曙光，欢喜不已。于是，他小心翼翼地顶着一碗油，走街串巷。

国王为了考验他是否专心,在街道各处准备了各种奇玩杂耍,再伴着美女的载歌载舞,想要分散他的注意力。结果这个囚徒专心致志,两耳不闻所听之事,两眼不视所见之物。因此,他头顶上碗里的油一滴都没有洒出来,从而获得了平安。

回来后,国王问他:"你在街上行走时,有没有听见什么声音?看见什么动静?"

"没有啊!"

"你难道没有听见悦耳的音乐,看见动人的美女吗?"

"我确实什么也没听见,什么也没看见。"

这位囚徒专心于头顶上那碗油,根本无暇顾及周围的一切,也因为这样他以自己的"专心"换取了自己的生命与自由。

那些懂得生活、懂得秩序的人,都是懂得将"心"归置一处的智者。他们都明白置心于一处,是聚集"能量"的良方。

成功来自于你对真正热爱及擅长事业的"专注",而非来自对每一次偶然事情的挑战。

有一个商人需要招一个小伙计,他在商店的窗户上贴了一张独特的广告,其内容如下:"一个能自我克制的男士。每星期40美元,合适者可以拿60美元。""自我克制"这个术语引起了众多求职者的思考。

每个前来应聘的人都要经过一个"特别"的考试。卡特也来应聘了,他忐忑不安地等待着,终于,该他出场了。

"你能阅读吗?"

"是的,先生。"

"你能读读这段文章吗?"商人把一张报纸放在卡特的面前。

"好的,先生。"

"你能不停顿地朗读它吗?"

"可以的,先生。"

"那很好,跟我来一下。"商人把他带到他的私人办公室里,然后关上了门。他把这张报纸递到卡特的手上,上面有卡特答应不停顿地读完的那段文字。

当阅读刚开始的时候,商人就放出了6只可爱的小狗,小狗跑到卡特的脚边。之前,许多应聘者都因经受不住小狗的干扰,视线离开了报纸而去看它们,结果被淘汰。但是,卡特没有忘记自己正在干什么,在排在他前面的70个人失败之后,他不受干扰地读完了那段文字。

商人很高兴,他问卡特:"你在阅读的时候没有注意到你脚边的小狗吗?"

卡特答道:"注意到了,先生。"

"我想你应该知道它们的存在,是吗?"

"是的,先生。"

"那么,为什么你不去看看它们呢?"

"因为你告诉过我要不停顿地读完这段文章。"

"你总是遵守你的诺言,对吗?"

"的确是,我总是努力地去做,先生。"

商人高兴地说:"太好了,你就是我想要找的人。"

一个人的精力是有限的,如果把精力分散在好几件事情上,那不是一个明智的选择,而是不切实际的做法。如果人们能集中精力"专注"于一项工作,相信每个人都能把这项工作做得很好。

当你要专注地集中你的思想时,就应该把你的眼光望向1年、5

年、7年，甚至10年后，幻想你自己是这个时代最有力量的商人；假设你拥有了很多的钱；假想你利用你挣的钱购买了自己的房子；幻想你在银行里有一笔数目可观的存款，准备将来退休后养老之用；想象你自己是一位极有影响的商界人物……唯有专注于这些想象，才有可能付出努力，让自己梦想成真。

"专注"于你的目标，全身心地投入并积极地希望它成功，这样你就不会感到筋疲力尽。不要让你的注意力转移到别的事情、别的需要或别的想法上去，"专注"于你已经决定去做的那件最重要的事，放弃其他所有不那么重要的事情。

你可以把你要做的事想象成一个个小抽屉。你的工作只是一次拉开一个抽屉，然后令人满意地完成抽屉内的工作，再将这个抽屉推回去。不要总想着其他的抽屉，而要将精力集中于你现在打开的这个抽屉。了解你在每次任务中所需担负的责任，了解你的极限。选择最重要的事，然后"专注"地去做，才有可能取得成功。

你和我一样有才，但我比你多了份工作的热情

拿破仑·希尔曾说："如果要获得成功，那么就需要对一个领域足够了解、热爱并保持热情，如果想要创新，就要站在巨人肩膀上。"

的确，"热情"是一种状态，是一个人获得成功的原动力，是一个人成就事业的源泉。无论是做人还是做事，"热情"都是不可或缺的条件，"热情"就像发动机一样能使电灯发光、机器运转，能激励人去唤醒沉睡的潜能、才干和活力。"热情"使莎士比亚拿起了笔，在

树叶上记下他燃烧着的思想；"热情"使哥伦布克服了艰难险阻，享受了巴哈马群岛清新的晨曦；"热情"使人们剑拔弩张，勇于为自由而战；"热情"使樵夫举起斧头，执着于人类开拓文明的道路；热情使伽利略举起望远镜，让整个世界为之震惊。因为"热情"，人们在不断地革新和创造着这个世界。可以说，"热情"是这个世界上最大的财富。没有它，世界上任何一件伟大的事都无法完成。其实，我们每个人都会拥有"热情"，所不同的是，有的人的"热情"能够维持30分钟，有的人能够保持30天，但是一个成功的人却能够让"热情"持续30年甚至一生。

不少人在工作了一段时间之后，突然发现自己成了一个"机器人"，每天重复着单调的动作，处理着枯燥的事务。每天想的不是怎样提高工作效率，提升自己的业绩，而是盼望着能早点下班，期望着上司不要把困难的工作分配给自己。

这样的人，没有什么人生目标，只是想得过且过，他们不断地抱怨环境、抱怨同事、抱怨工作，在工作中不思进取，在生活中不求上进，最后陷入了职业的困境中。

要想摆脱这种职业困境，唯一的办法就是唤起自己的工作"热情"，带着热忱和信心去工作，全力以赴，不找任何借口。因为，"热情"是一种素质，是一种性格。伟大的"热情"能战胜一切，因此，一个人只要强烈地、坚持不懈地追求，就能达到目的。一个人，当他有无限"热情"时，就可以成就任何事情。

"热情"是一种强劲的激动情绪，一种对人、事、物和信仰的强烈情感。一个充满工作"热情"的人，会保持高度的自觉，把全身的每一个细胞都调动起来，驱使他完成内心渴望达成的目标。

"热情"无疑是我们最重要的秉性和财富之一。不管你是否意识到，其实每个人都具有火热的激情，它是一个人生存和发展的根本，是人自身潜在的财富,只是这种"热情"深埋在人们的心灵深处,等待着被开发利用。

聪明的女人懂得,长久的工作"热情"源于自身的不懈努力。全心全意做好自己的本职工作,工作出色了,有了业绩,自然会产生成就感,也就有了工作的动力;工作做好了,还会赢得别人的尊重,也能让自己的事业"更上一层楼"。

1883年8月19日,在法国卢瓦尔河畔的索米尔小镇,香奈儿出生了。她的全名是加布理埃勒·香奈儿。在香奈儿12岁时,她的母亲去世了,香奈儿在孤儿院度过了少年的黯淡时光。17岁,她来到另一个小镇,进入了修道院。在法国,妇女的地位是低下的,一个女孩要想在社会上生存,是非常艰难的。孤儿院的生活使她明白,高超的针织手艺对于女性而言非常重要,她可以通过做针线活来养活自己,于是,18岁那年,她就到一家商店做助理缝纫师。

香奈儿的卑微出身和早年生活给她的服装理念打上了深刻的烙印。周围的成年妇女穿的工作服使她相信,妇女需要的不是繁琐的装扮,而是适合她们日益活跃生活方式的宽松、舒适的衣衫。香奈儿认为:"女人为造成她们举止不便的服饰所束缚,从而被迫依赖于仆人和男人。"孤儿院穷苦的生活渗入到她的设计风格中:朴素端庄、简明大方。

她开始设计黑帽,白色短衫,领口系雅致的黑领结,简单素洁的短上衣。同时,在她工作的小镇,有许多驻兵,尤其是那些朝气蓬勃的骑兵制服给她留下了深刻的印象,这无疑也成为此后几十年里著名的镶边服装的灵感来源。20多岁时,香奈儿遇到了富有的骑士卡佩尔,1908年,在卡佩尔的资助下,香奈儿开了第一家帽子店,她的帽子宽大实用,受到许多妇女的欢迎。

1912年,趁热打铁的香奈儿又在法国上流社会的度假胜地——诺曼底海边小城开了自己的第一家服装店,很快,她极富个性的运动衫、开领衬衫、短裙、男式雨衣受到了时髦女郎的注意。不仅如此,为了扩大宣传,香奈儿让自己的姐姐穿上自己设计的新式服装,到城里最繁华的地方吸引妇女们的注意——这差不多是最早的一种广告形式了。香奈儿的事业越来越成功了。

1918年,香奈儿的亲密爱人卡佩尔因车祸遇难,但香奈儿依然坚强地发展自己的事业。1924年,她推出了著名的黑色小礼服,掀起了世界服饰的革命。她强调的是服装的舒适性、方便性和实用性。在第一次世界大战期间,男人上战场,女人负起养家的责任,职业妇女渐渐兴起,因此需要较实用、实际的服装。香奈儿的服装正好符合这一趋势,她的事业也蓬勃发展起来。

第一次世界大战后,她认为手工订做服装不适合大众需要,虽然手头上有当时保持约200位有名女人的订单(包括伊丽莎白·泰勒、英格丽·褒曼),她还是决定投入"成衣"这个市场,这让香奈儿企业成为世界数一数二的服饰大企业。

香奈儿并没有满足于自己已经取得的成绩,自1920年起,香奈儿开始提倡打造女人的"整体形象",这当然是从头到脚,还包含配件、化妆品、香水。对她来说,一个女人不该只有玫瑰和铃兰的味道,香水会增添女性无穷的魅力。于是,她推出了"香奈儿5号香水",这是第一支由服装设计大师推出的世纪经典香水。当著名的好莱坞影星玛丽莲·梦露用性感而充满磁性的声音对全世界说"夜里,我只'穿'香奈儿5号"时,全世界都为之疯狂了。

很多时候,你只需换一个角度去思考,就会对自己的工作充满兴趣。而发现工作的乐趣,正是保持工作激情的不二法门。因为,我们往往是在"爬坡"的时候感到干劲十足,充满激情;而当爬到山顶的时候,反而觉得迷茫。所以,当你的工作达到一定阶段的时候,就要给自己树立新的目标,有了方向、有了动力,自然就能保持高涨的工作"热情"。

可以说,保持快乐的心情是具备工作"热情"的前提,心情愉快,做什么事情都有精力和"热情",把工作当成一种享受,就能保持工作的"热情"。有人说,当你埋头于日常工作的时候,恰恰是你在"书写历史"的时候,因为,保持"热情"的关键就在于你是否有决心每天都"更新历史",而不只是简单地重复。

工作"热情"并不是身外之物,也不是"看不见"、"摸不着"的东西,它是一个人生存和发展的根本,是人自身潜在的财富。具体说来,工作"热情"是一种洋溢的情绪,是一种积极向上的态度,是对工作的热衷、执着和喜爱。它是一种力量,使人有能力解决最困难的问题;是一种推动力,推动着人们不断前进。它具有一种带动力,能影响和带动周围更多的人热切地投身于工作之中。

所以,失去工作"热情"的人一定要迅速清醒地认识到"培养较高的工作热情"的重要性和必要性,早日摒弃"浮躁、不求上进、茫然"的缺点,树立"积极、正确、乐观"的工作心态,争取在事业上有较好、较快的发展,因为这是聪明女人的"必备法门"。

第 五 章

如果你的"资源"贫乏，
请学会用"人缘"加分

电梯里的"1分27秒"

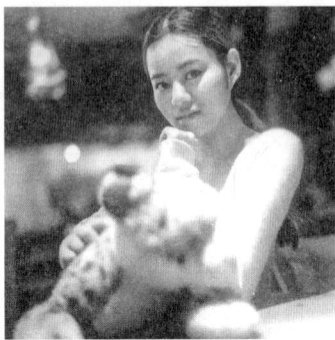

(现身说法:林毓,女,25岁)

对我而言,最尴尬的,莫过于那电梯里的1分27秒。

我有幸"过五关斩六将",进入了这家公司,还没有完全适应环境,就在措手不及的情况下遇见我的上司——平头,穿西服,不苟言笑的男子。此刻他站得离我很近,我能闻到他身上散发的剃须水的味道。相遇在如此逼仄的空间里,我感到他身上的威严,带着巨大的压抑包围了我。

"早上好,老总。"我嗫嚅着,窘迫地开了口。他带着陌生的眼神看着我,然后轻轻颔首,回答:"早上好。"

电梯缓缓上升,他问我:"你是哪个部门的?"我垂下眼睛,谦卑地回答:"市场部的。"他想了一下:"市场部?今天有什么计划吗?"没料到这突如其来的发难,慌乱中我不假思索,一句"见客户"已经脱口而出。

"什么客户?具体是做什么调查?"……老天,为什么他"打破砂锅问到底"啊,也许是电梯里的寂静使得他有攀谈的欲望吧?我忽然支支吾吾起来，脸上的妆容一点点被汗水化开了，想抬手擦一下又怕落下"搔首弄姿"的恶名……还好，电梯在此时戛然停止了。我按住按钮："您先请！"

看着他的身影消失在走廊一端，我长长地吁了一口气，这才发现自己一直屏着呼吸。看看时间，从我们进电梯到分开，时间仅仅过去1分27秒。可是，在这1分27秒里，我想我已经暴露了所有的羞怯和腼腆。那不是我！

越想越怕，我决定绕道走。我再也不想遭遇那样的尴尬，言多必失。

我不再坐电梯，开始气喘吁吁地爬17楼，可是，人生就是充满巧合，刚爬到办公室门口，却正见上司站在走廊上。老天！我只好硬着头皮问好，他奇怪地问："你是新来的那个小姑娘吧？为什么爬楼梯？"我只好干笑几声："减肥。"然后，踩着摇晃的高跟鞋逃之夭夭。

不知道这句话是怎么流传到整个市场部的，弄得同事们都知道我在"爬楼梯减肥"。

在他们诧异的眼光里，我爬了整整一个月的楼梯。在这一个月里我边爬楼梯边在脑内练习着与陌生的上司见面时的仪态与对话，我知道自己不是一个足够机灵的女孩，很可能在下一次的相遇里又害羞得什么也说不出来，但是，我不能因此就逃避坐电梯，逃避与上司相遇，如果我一直不努力，那么，很有可能，我只配爬一辈子楼梯。

一个月后的一个早晨，8点50分，我等候在电梯口。第一班电梯来了，我想了想，没有上；第二班来了，我依旧站着不动。

终于，第三班电梯到来时，我看到我的上司了。平头，西服，威严，不苟言笑。我深呼吸，绽放出一个灿烂如晨曦的笑："早，老总。"

他看了我一眼："早！"

我们一同进了电梯。

"您昨晚看了温布尔登网球公开赛吗？很精彩的。"我主动开口，要把握对话的主动。果然，一抹微微的喜悦在他脸上绽放："你也喜欢网球吗？""是的，网球是一项时尚的运动……"

电梯缓缓上升，我们的话题围绕着这个持续着，他说话的时候，我礼貌地倾听，自然地掠一下头发。他问我："你是哪里人？在这里还习惯吗？"

我按住按钮，和他一前一后走出电梯："谢谢关心，我不是本地人，但正在学着适应。"

他的身影消失在走廊一端，他给我的赞许却留在我心里。看看表，还是1分27秒，从进电梯到出电梯，但这次，与上一次不同了。我成功了。

此后，每次与上司在电梯里邂逅，我都会自然地、积极地与他谈话。天气，流行资讯，路上的车况……偶尔也说几句工作上的事，我们渐渐熟悉起来，上司记住了我——一个外地来的小女孩，但是很会讲话。

他说，一个能在电梯空间里与人交流自如的人，相信有能力建立起良好的人际网。这是年底他给我的评价。

他不知道，为了那电梯里短短的"1分27秒"，我曾爬了多少级台阶去思考、去克服、去历练。

"记得刚来那段时间，你爬楼梯说要减肥，成功了吗？"某天又遇见上司，他忽然问我。

"成功了！现在，我不用再爬楼梯，因为我现在喜欢上坐电梯！"

我笑了。上司也笑了。

你需要对方的帮助,这与你的尊严无关

自古以来,大凡成功者都懂得放低姿态。

周文王弃王车陪姜太公钓鱼,灭商建周成为一代君王;刘备"三顾茅庐"拜得诸葛亮为军师,促成"三国鼎立"。这些都是我们耳熟能详的故事,如果没有周文王及刘备的"低姿态",哪能求得赫赫成绩,从而流芳百世。

有一位博士在找工作时,被许多家公司拒之门外,万般无奈之下,博士决定换一种方法试试。他收起所有的学位证明,以一种最低的身份再去求职。不久,他被一家电脑公司录用,做一名最基层的程序录入员。没过多久,上司就发现他才华出众,竟然能指出程序中的错误,这绝非一般录入员所能比的。这时,博士亮出了自己的学士证书,老板于是给他调换了一个与本科毕业生"对口"的工作。过了一段时间,老板发现他在新的岗位上也游刃有余,能提出不少有价值的建议,这比一般大学生要高明。这时他亮出自己的硕士身份,老板又提升了他。有了前两次的事情,老板也比较注意观察他,发现他还是比一般的硕士有水平,就再次找他谈话。这时他才拿出博士学位证明,并说明了自己这样做的原因,老板恍然大悟,毫不犹豫地重用了他。

在社会上对人"低头",有时是你的生活方式和工作方式中的一种,它与你的道德和气节毫无关系。当你遇到一个很低的门的时

候，你昂首挺胸地过去，肯定要把脑袋碰出一个包来，明智的做法只能是弯一下腰、低一下头，让很低的门显得比你高就可以了。

你需要找工作，需要调动工作，需要开拓更广泛的人际关系。在这所有的活动之中，你可能都处于一种"求人"的地位，处于一种必须表现"低姿态"的格局之中。

在这种情况下，你必须首先学会"低姿态"。也许你在放低姿态后就总想着别人可能会很傲慢地对待你，会轻视你，会对你视而不见，甚至会侮辱你，把你赶出门去……这样你就退缩了，就丧失了勇气。正因为如此，你可能就打出了"万事不求人"的招牌，宁可忍受不办事的后果，忍受不办事的麻烦，把事情搁置起来，也不去求助于人。这说明你是脆弱的；你怎样看待你自己是一回事，别人怎样看待你是另一回事。你应该把别人怎样看待你和你自身的价值区分开。

当你求助于人的时候，你内心的精神支柱应是你内在的尊严，而内在的尊严是完全摆脱他人对你的看法和评价而独立存在的。内在的尊严是你对你自己生命价值的肯定，它和别人的看法无关。

你去求助于别人，并不说明别人比你更有价值，或者说别人比你更有尊严。它只说明：在你要办的这件事上，别人由于种种原因比你有更多的"主动权"。因为"主动权"操之于人，所以你要表现"低姿态"，你表现"低姿态"只是向对方说明在这件事情上你的实力不如对方，你需要对方的帮助，并不说明你低他一等。

你有你自己的优势，而在你实力不足的领域之中，你就需要求别人帮忙以解决自己的问题。正如你找医生看病要付钱一样，你找别人办事就要付出一定的"面子"，这是你向对方显示"低姿态"的一种具体的代价。

如果你想把事情做成，可以以一种"低姿态"出现在对方面前，表现得谦虚、平和、朴实、憨厚,甚至愚笨、毕恭毕敬,使对方感到自己受人尊重,比别人聪明,那么在谈事时他就会放松警惕。当事情明显有利于你的时候,对方也会不自觉地以一种"高姿态"来对待你。

其实,你以"低姿态"出现只是一种表象,是为了让对方从心理上感到一种满足,使他愿意合作。实际上,越是表面谦虚的人,越是非常聪明的人,越是工作认真的人。当你使对方"陶醉"在自我感觉良好的气氛中时,你就已经受益匪浅,并已经完成了工作中很重要的那一步了。

你谦虚,对方就显得高大;你朴实和气,对方就愿意与你相处,认为你亲切、可靠;你恭敬顺从,别人的指挥欲得到满足,就会认为与你很合得来;你愚笨,他人就愿意帮助你,这种心理状态对你非常有利。相反,你若以"高姿态"出现,处处高于对方、咄咄逼人,对方心里会感到紧张,做事就会事倍功半,而且还会让对方产生一种逆反心理。因此,为了把事情办成,你不妨常以"低姿态"出现在别人面前。

学会在适当的时候,保持适当的"低姿态",绝不是懦弱的表现,而是一种智慧。放低姿态既是一种态度,也是一种作为,学习谦恭,学习礼让,学习盘旋着上升,这既是人生的一种品位,也是一种境界。

袁岳说:"人情世故是我们日常生活中积累的约定俗成的行为规则,属于社会知识范畴。这些知识大半来源于与不同人群之间的社会交际,也来源于社会冲突与社会发展。在有专业知识与技能的情况下,人情世故能够帮助我们缓和与其他人之间的'紧张度',也比较容易让其他人感到与我们交往的愉悦感与建设性。"

嗨，你喜欢我吗？

社会是很复杂的大环境，人的类型有很多，一个人应该怎么去面对社会、结交朋友，是相当重要的事，也不是一件容易的事。

一般来说，朋友可分为两种：一般朋友和真心朋友。具体来说则有："点头之交"、"玩乐之交"、"默契之交"、"道义之交"、"生死之交"……不管是哪种程度、哪种境界的朋友，都会对你有某种程度、某种境界的提高和帮助。

我们固然要选择"益友"加强联系，但也要学会避开"损友"，懂得如何与"三教九流"形形色色的各种人交往。不过，一定不要在需要别人时，才去交朋友。利益一般会偕朋友同来，但交朋友的目的，绝不是单纯地为了赢取个人的利益。要知道，我们可以选择别人，别人也同样可以选择我们。

所以，"广结善缘"的首要条件，并不是"我"喜欢什么样的朋友，而要先考虑自己是否让人喜欢、受人欢迎。"获友不易，反目一朝"，意即好朋友得之不易，有时却会因一句失言、一时失态而形同陌路，甚至反目成仇。人生之路不能无友，有了朋友，更要加倍珍惜。因此，我们要时刻提醒自己：改善自我，广结良友。

受敬仰、被尊重，这是大多数人最重视的一种感觉。所以，美国钢铁大王、著名作家卡耐基写了一本《如何赢得友谊和获得信任》的书，畅销百万册，道理就在其中。在社交场上，朋友越多越好，敌人越少越妙；因而，"你受人欢迎吗"几乎决定你社交关系的分数。受欢迎，朋友就多；受鄙弃，很可能会增加许多人际方面的阻力。

然而,怎样的人才受欢迎呢? 一般人以为"人缘"的好坏,决定于外在印象。事实上,第一印象的确很重要,因为仪容是否端庄、整洁能代表个人的修养,不过,如果完全以貌取人,为别人判定分数,常常会因此而发生"有眼不识泰山"或"识人不明"的情况,从而失之偏颇。

中国古代有一位很有名的矮丞相晏子, 当他代表齐国出使楚国时,就因相貌上的缺点而遭人嘲笑。但后来他却以机智和口才,使得楚国君臣上下对他刮目相看。汉朝的陈平则与晏子相反,是有名的"美貌丞相",其才能同样相当杰出,但是当时的人却批评他"光漂亮又有什么用"。然而,历史证明,陈平并不只是一个"光漂亮"的人。但是,我们却可以在这个例子里发现:视觉上的美感,对人际关系并没有绝对的影响。同时,这个例子也表明:外表好看,内在"可能"也不错,但二者的关系并不是绝对的。

所以,一个人是否受人欢迎,不仅是靠外表的印象来决定的,还有其他"妙方"可使这个印象持之久远。例如:平易近人、关心与体贴、彬彬有礼、幽默感等。大抵说来,受欢迎的人,一定肯为别人设身处地着想。比方说,每一个人在有事求人时,总希望别人即使拒绝,也不要使自己太难堪。因此,当我们不得已拒绝别人的请求时,也应该诚恳地表示歉意。

虽然说"友直、友谅、友多闻",但是,当我们劝谏朋友时,态度应和缓,点到为止,留一点余地给对方,不要使"建设性的建议"反而变成了伤人的批评和指责。

总之,能够将心比心,时时检讨自己的得失,才可能得到别人的真心对待。所以,我们若是希望自己受人欢迎,得"人缘",不可不先"照照镜子",分析一下自己在别人心目中的分量。

人们常说:"成功不是偶然的。"意思是说,成功中包括有志气、决心、毅力、方法。想做一个受人欢迎的人，也不例外。一个人只有从内在到外在、从开口说话到外在的衣着"语言"，都散发出一种吸引人的魅力，才能够把自己"推销"出去。现代社会的最大特点是"忙碌"，自己分内的工作尚且照顾不周全，哪里有时间、兴趣去深入了解别人？所以，大部分人留在你印象中的只是一个粗略的轮廓，如果你不具备"特殊条件"，在别人心目中，也只能是一个"模糊的影子"而已。

就此而言，任何人要想在人际关系之中卓然出众，就得表现自己，把自己个性中最美好的一面展现出来——汽车大王福特曾为"最受欢迎的人"下过一个定义，他说："这种人，是能将内心中最美的东西引发出来的人。"的确，生命中有些东西是不依赖外力的，要想受人欢迎，全靠你自己。"肚子里有货"，不怕没有"伯乐"识"千里马"；风度翩翩，不怕身边没有环绕仰慕的朋友。

赢得好人缘的"法宝"是：要能够明确地把握"重点"，尽量表现"原有"的气质，即使天生的资质不够，也可以靠后天的培养或努力去尽力求取个人条件的完美。"外在美"，如仪容整洁、彬彬有礼、态度亲切等，"内在美"，如体贴关心，富于幽默感……都可以塑造你的特殊风格，甚至能进一步把你推上成功的"宝座"。

"此路"风景独好，"彼路"风景更胜

古罗马有一句俗语是"条条大路通罗马"。关于这句话，有这样一个小典故。罗马城作为当时地跨"亚非欧"的罗马帝国的经济、政

治和文化中心,频繁的对外贸易和文化交流使得大量外国商人和朝圣者络绎不绝。罗马统治者为了加强对罗马城的管理,修建了一条条大道。它们以罗马为中心,通向四面八方。据说,人们无论是从意大利半岛的某一个地方还是欧洲的任何一条大道开始旅行,只要不停地往前走,都能成功抵达罗马城。而现在"条条大路通罗马"是形容达到一个目的的方法多种多样,我们在实现目标过程中会有多种选择。

无论是在追求梦想的道路上,还是在日夜奔波的生活中,我们常常会遇到"此路不通"的尴尬境地,但是既然它们已经存在,我们就只能去适应环境的变化,不断调整自己的心态。

一位母亲列了一份清单让自己的孩子出门买各种杂粮,并在孩子临走时给了他几个装米的袋子。

孩子来到粮店,依照购买清单一一过目,这才发现少了一个袋子。清单上详细地写了大米、小米、高粱和玉米4种粮食,而母亲就给了3个袋子。孩子没有多余的钱买布袋,也就没办法买全所有的粮食,于是就只装满了3个袋子回家了。

归来后,孩子一进门就抱怨母亲不仔细检查布袋,以至于让自己还要再跑一趟,去买刚才没买到的玉米。母亲笑了笑:"你不会找老板要一根绳,然后把装的少的布袋从中间扎牢,那么上面一层不就可以装玉米了?实在没想到这个办法的话,你还可以再买一个布袋装玉米啊?"孩子反驳说没有多余的钱买布袋。母亲又笑了笑:"傻儿子,你不会少要一斤米啊?这样不就能买布袋了吗?"

孩子一听傻了眼,又羞又恼地去买玉米了。

面对问题,我们要想办法解决它。一种办法解决不了,我们还可以想其他办法。最重要的是在遇到问题时不能循规蹈矩、墨守成规，一头钻进"死胡同"。要学会转换思路、改变角度，那样你会发现解决问题其实一点也不难。

我们必须意识到变化随时随地都有可能发生。我们不但要适应变化，适时调整解决问题的方法，还要学会预见变化，做好迎接挑战的准备。

"此路不通彼路通，此路风景独好，彼路风景更胜。"事实上，我们之所以会执着于"此路"而停滞不前，是因为我们的固有思维认为那是最顺畅、最好走的一条路。"惯性"思维方式让我们错过了许多宽敞、顺畅的"大路"，也错过了许多别样的"美丽风景"。

"观光电梯"的发明其实很偶然，它的"创意"是在一次增设电梯的工程中闪现的。

因为人流量的加大，原本的电梯已不能满足人们的使用需求，美国摩天大厦出现了严重的拥堵问题。为了尽快解决这一问题，工程师建议大厦尽快停业整修，直到将新的电梯修好为止。这个建议很快得到了上层领导的认可并被付诸行动。当电梯工程师和大厦建筑师们做好了一切准备工作，开始要穿凿楼层时，一位大厦里的清洁工在询问情况时激发了工程师们的"创意"。

"你们得把各层的地板都凿开吗？"清洁工问道。工程师向她解释，如果不凿开，那就没法装入新的电梯。

"那大厦岂不是要停业很久？"清洁工又问道。工程师无奈地点头："每天的拥堵情况你也看到了，我们没有别的办法，也不能再耽误了，否则情况会更糟。"

清洁工不经意地随口说道："要是我，我就把电梯装到外面去。"

这个看似不经意的建议，其实蕴含了无限大的智慧。也许身为清洁工的当事人并没有察觉到她的一句"玩笑话"会成为工程师们的"创意"亮点。于是,世界上第一座"观光电梯"就这样孕育而生了。

专业工程师为了解决大厦拥堵的状况,决定在大厦内再安装一架电梯,这一方案可谓"费力不讨好";而另一个方案不仅解决了问题,降低了大厦停业的可能性,而且还创造出有观景作用的电梯。所以,这个"创意"不仅解决了实际问题,而且还能使人们欣赏到最美的风景。

为什么工程师们的"专业眼光"就产生不了这一奇妙的"创意"呢?根本原因就在于这些工程师早已被束缚在一成不变的建筑知识体系当中,形成了一套固有的思维方式。因此,每个人都应避免这种思维方式对处理问题的束缚,这样才能发现更好的解决方法。

每一条路都能通往成功,唯一不同的只是这些路的艰险情况。正如"条条大路通罗马"一样,在不同的行业里,用不同的奋斗方式,都能使我们获得成功。"此路不通"的情况只存在于"路标牌"中,因为通过"绕行",我们最终仍能殊途同归。

你一定有办法帮我"搞定"这件事

当一个人听到别人的赞美时,心中总是非常高兴,脸上堆满笑容,口里连说:"哪里,我没那么好,你真是很会说话!"即使事后回想,明知对方所说的可能是恭维话,却还是抑制不住心中的那份喜悦。

因为,爱听溢美之词是人的天性,虚荣心是人性的弱点。当你听到对方的吹捧和赞扬时，心中会产生一种莫大的优越感和满足感，自然也就乐意听取对方的建议。

某人到私人商摊处去买衣服，在试衣服时，卖主惊叹道："啊！真漂亮！你穿起来非常合身、朴素、大方、有风度。"那人听了非常高兴，本来是不想买那件衣服的，却买回来了。

要想在求人办事时顺利，首先就要澄清自我的主观意识，尽快地养成随时都能赞美别人的习惯。俗话说"习惯成自然"，当赞美别人已经变成你的习惯时，你的办事能力就会相应提高。

法国作家伏尔森的好友丰特奈尔是一位有名的科学家和文学家，他在97岁时还谈笑自若。一日，他在社交场合遇到了一位年轻貌美的女子。他对那位女子说了很多恭维话，片刻之后，他再次经过那位女子面前时却没有看她一眼。于是，那名女子对丰特奈尔说："我该怎么看待你的殷勤呢？你连一眼也没看我。"丰特奈尔不慌不忙地回答："我若看你一眼只怕就走不过去了。"

对上级来说也是如此，你求他办事，赞美他是理所当然的。你赞美了他，他反过来也会重视你，得到恭维的人是不会放着对方的"难题"不管的。

赞美是人际交往的"助推器"，好好地运用它，一定会令你事半功倍。因为每个人在内心都有一种"被承认"的欲望，都希望得到他人的肯定，他人的肯定也能提高自己的积极性。当一个人自认为这件事非自己不能办成时，他就会尽自己最大的努力去办，在他办成之后也会有很高的成就感；反之，当一个人对自己不以为然的时候，他做事就会消极被动，即使成功了也没有多大的喜悦。

如果能够利用这种心理作用，就能够激发人们办事的"热情"。

那么,具体如何去激发呢? 当然是给对方积极的"暗示","暗示"某件事非他才能办好不可。

"别人我不知道,你,我是知道的。你一定有办法帮我'搞定'这件事。"即使是很难办成的事,因为你这句话,他也会努力去做,不让你失望;而且你的鼓励也能引发他的潜能。

有时候,别人会以"忙"为由拒绝你,如果你说,"我当然知道你很忙,就是因为你很忙,我才放心让你帮忙",对方可能会转变对你的态度。

李想毕业两年了,在一个产品公司做销售员。有一次,他们参加公司组织的拓展训练。

那次训练中,有一项任务给他留下了深刻的印象。培训师以"组"为单位,把参加训练的业务人员分为3组,给他们一项任务,让他们在上海某条繁华的街道上,以各种合理的方法,向路人"要钱"。3天的时间,看谁最终获得的钱最多,以此为标准评选出最优秀的团队及最优秀的个人。这项任务主要训练了个人心理素质、团队合作精神,以及与他人沟通的能力等。

李想虽然做了两年的销售,但是"面子"很薄,在大庭广众之下向他人"乞讨",这还是第一次。所以,第一天,他几乎是无功而返。第二天,他"硬着头皮"找路人,并向路人说明,自己在参加拓展训练,要完成一项任务,需要好心人配合自己,多少给他几块钱。结果,很多路人都用怀疑的眼光看着他,有的人说他骗钱,有的人说他是神经病,只有少数路人相信他。

第二天行动结束,队员们盘算成果,他们组只有100多元,而且李想的收获最少,而其他两组的收入都有几百元了。这时候,李想那组的成员间已经出现了意见分歧,收获多的抱怨收获少的人没尽力，收获少的人抱怨训练师出了个难题。

吃晚饭的时候，培训师与3组成员闲聊时，问李想他们组的收获如何？李想不好意思地说："这个任务太'怪异'了，很不好意思向路人要钱呢！所以现在结果很不理想。"培训师笑着对他说："你是一个多才多艺的人，前几项任务都能出色完成，我才不相信作为一个企业的销售骨干，这点'小任务'还能难倒你！"

第三天，李想决定要力挽狂澜，他的结果一定要对得起"销售骨干"的称谓。于是，他改变了之前"行乞"的方法，决定"卖艺"。培训师不是说他是个"多才多艺"的人吗？

他想，现在经常看到"卖艺"的人，都是在天桥上或地下通道里边弹吉他边唱歌，虽然自己不会弹吉他，但是会讲笑话。为了避免与客户聊天时"冷场"，他积累了很多的小幽默故事，这次也算是有"用武之地"。他举了一个牌子，上面写着"讲笑话，送开心，每个故事3元钱起"。不一会儿，他就被人群围得水泄不通。显然，他的"创新"吸引了路人。

这一天，他一个人就挣了300多元钱，可谓硕果累累。

有一点应当明确，赞美不等于奉承，欣赏不等于谄媚。恭维与欣赏领导的某个特点，意味着肯定这个特点。只要是优点、是长处，对集体有利，你就可以毫无顾忌地表达你的赞美之情。领导也需要从别人的评价中，了解自己的成就以及自己在别人心目中的地位。当受到称赞时，他的自尊心会得到满足，并对称赞者产生好感。你的聪明才智需要得到赏识，但在他面前故意显示自己，则不免有做作之嫌。领导会因此认为你是一个自大狂，恃才傲物，盛气凌人，而在心理上觉得你难以相处，彼此间缺乏一种默契。

学会说赞美的话，当你求人办事时，你将会领悟到其中的妙用。

"冷落"你的人，你一定要对他微笑再微笑

相信每个人都尝到过被人"冷落"的滋味，但人们面对"冷落"所采取的态度却不尽相同。有的人遇"冷"不冷，逢"落"不落，仍然表现出一种泰然处之、豁达坦荡的超然境界，其结果不仅使自己渡过难关，而且"逆境成才"，抒写了更加辉煌的人生篇章。有的人却不尽然，面对"冷落"，便变得消沉起来，一蹶不振，最终使自己陷入自我封闭、孤独寂寞的困境而难以自拔。要走出被人"冷落"的误区，首先要接受"冷落"。

当你被人"冷落"的时候，要先承认它的存在，允许它的发生。人生本来就是一个"万花筒"，赤橙黄绿青蓝紫，喜怒哀乐、酸甜苦辣、温凉冷热，可谓应有尽有，五彩缤纷。因此，被人"冷落"也就不足为怪。

每一个生活在社会中的人，或多或少，或轻或重，都遇到过"冷落"，不管你是自觉的还是不自觉的，情愿的还是不情愿的，谁也休想与它绝缘。"冷落"作为一种客观存在的社会现象，你无论如何也不应当采取回避的态度。

因此，面对"冷落"，你要采取承认它的态度，有接受它的心理准备。当然，承认"冷落"的存在，并非是承认它存在的合理性，而是承认它的客观性，从而去接受解决此种矛盾方法的必然性。唯有如此，你才会直面"冷落"，既不回避，也不惧怕。不但如此，面对"冷落"时，还要做到不委屈、不抱怨，并敢于坦然地表现自我。

遭受"冷落"，心情低落在所难免，在此时你就要会自我调节、

平息抱怨。

大凡经历过"冷落"的人,大都有这样的感觉,抱怨"冷落"的结果只会在客观上助长受"冷落"压力的程度。与其过多地抱怨,倒不如从主观认识上找原因,以新的姿态重新扬起生活的风帆,战胜"冷落"。

面对"冷落",我们不妨扪心自问:为什么他人没有受"冷落",却偏偏"冷落"了自己;为什么此时无"冷落",彼处遇"冷落"?仔细想想,你便会觉得,原来别人对自己的"冷落"也是事出有因的。

假如受到来自顶头上司的"冷落",你可能想到了他的偏见、不公正,但是否还应想到,你的工作态度差,表现得不好,才是上司"冷落"你的真正原因;假如受到同事的"冷落",你可能会认为他孤芳自赏、为人傲慢、心胸狭窄、无端嫉妒等,但是否还应想一想,是你的傲慢、无礼、清高,才使他人对你产生了"冷落"?假如受到妻子的"冷落",你可能会想,妻子不温顺、不贤惠、不会料理家务、不会热情待客等,但是否还应想到,你的"大丈夫"习气、动辄"吹胡子瞪眼睛"的德性,难道妻子还不该"冷落"你几次?

……

与其抱怨别人,倒不如利用这个机会来反省一下自己,因为失去的再难挽回,与其自己苦恼,不如洒脱一回。

"冷落",会使你隐隐感到自己心灵上的某种丧失。这并不可怕,问题的关键在于你能否正确地对待"丧失",能否科学地把握"丧失",能否学会从"丧失"中奋起。

朱迪丝·维尔斯特在其力作《必要的丧失》中指出:"丧失"是不可避免的。我们从脱离母体直到死亡,在整个成长的过程中,"丧失"始终伴随着我们。它是"一种终生的人类状况"。理解人生的核心就是理解我们该如何对待"丧失"。"丧失是我们为生活付出的代价",但假如我们学会了放弃完美的友谊、婚姻、孩子和家庭生活的理想幻想,放弃对绝对庇护和绝对安全的幻想,那么我们将在这种放弃中重生。"丧失"是成长的开始,追求完美与恐惧"丧失"则是幼稚的,我们人生的路途由"丧失"铺筑而成。

现实生活中,我们常常习惯于把复杂的社会、复杂的人生理想化,人们接受收获往往比接受"丧失"更容易做到。其实,只要稍加留心,便会从生活中经常发现这样的画面:他是我的好朋友,同时又是别人的好朋友;上司对我特别器重,同时他对另一个人也特别器重。想到此,也许你就会认识到,放弃各种不切实际的期待,对于消除冷落的困惑是多么重要!

"冷落"虽然使你暂时少了一些来自外界的热情,少了一些朋友,但往往能进一步激发你对"热情"的珍视,对朋友的珍爱。此时此刻,你将会用自己的"热情"去温暖对方那颗"冷落"的心,你将不会再用消极的眼光去对待朋友一时的偏颇。

生活中常常有这样的现象:有些才能出众的人,正是由于受不了世俗"冷落"的偏见,从此之后甘愿"随波逐流",也不肯再"出头""冒尖"了;也有一些较为愚钝的朋友,由于受到某些人的鄙视,就产生"破罐子破摔"的念头。

生活是多色彩、多层面的,不必事事都要追究一个所以然,必要的超脱也是一种生活的"润滑剂"。面对"冷落",没有必要自我封闭、自我煎熬,活得洒脱一点,才是正确的生活态度。

俗语说得好:"生活就是面对现实微笑, 就是超过障碍注视将来。"在生活中,每个人都会遭遇"冷落",但更多的还是拥有"热情"。你应当不断地去寻觅生活中的"热情"。人人都希望把"热情"带进自己的生活,让生活变得更富有色彩、更富有诗意。如果你只会发现"冷落",而不勇于去开拓和追逐"热情",那么,在你的眼里就会只有苦涩、忧伤和痛苦。

有的人在处理人与人之间的关系上，总是持有这种态度：你对我好，我就对你好；你看不上我，我也不买你的账。这至少是一种不够大度的姿态。人与人之间的交流是双向的。一个成熟的人，他想到的往往不是"得到"，而更多的是"付出"，在很多时候我们需要做必要的让步和牺牲。

面对"冷落"你的人，早上初见面时，可以主动上前去问候一声"早上好"；周末、节假日，你可以主动邀请对方去参加一个聚会，或做一次短途旅行；当对方乔迁新居时，你可以主动去当个帮手，等等。如果你能这样去想、去做，逐渐改变对方的态度，那么精诚所至、金石为开，看上去似乎你显得"矮"了一些，但在他人的心目中，你是高尚的、伟大的、值得信赖的。

人们在受到"冷落"之后，往往在生活上感到"失意"，在心理上产生退却。对于一个强者来说，越是受到"冷落"的重压，越是应当富有自我表现的阳刚之气。此种勇气，不仅可以"吹散"来自外界对自己冷落的"阴云"，也容易"拨开"自己被人冷落所带来的心头"迷雾"。

当然，在自我表现的过程中，你还应当注意不要自我标榜、故弄玄虚。因为这样做，不仅难以排除外界的"冷落"，还会由此带来更多的"冷落"。

自我表现，不仅应当有勇气，更重要的是要提高自己的素质，增强自己的实力。有了真才实学，就会为你平添一份自信，再加上自己的勇气，那你就会在生活的舞台上表现得潇洒自如，发挥得淋漓尽致。此时，你面前的"冷落"，便会一扫而光，迎来的将是张张笑脸、"满园春色"。

你认为正确的观点,别人可不这么想

"换位思考",顾名思义,也就是换个立场来思考问题。其实,在生活中,这种思维方式益处是很大的,商家一旦从消费者的角度来考虑他们的需求,商业利润将源源不断;老师一旦从学生的角度来考虑问题,教学效果也将变得更好。

当你不理解别人时,当你因为社交障碍而苦恼时,试着从对方的立场思考一下,或许能达到意想不到的效果。懂得"换位思考"的人是心胸宽广、聪明睿智的人;懂得"换位思考"的人会在许多事情的处理上比别人棋先一招、技高一筹。

在人多的场合,婴儿总是会哭,很多人并不知道这是为什么。其实,如果你蹲下来,从婴儿的角度来看世界,你会发现,原来婴儿没有办法看到别人的脸,他们只能看到人们的腿。

为什么父母与子女之间会产生代沟,老师与学生之间交流有困难,夫妻之间产生问题,人与人之间无法真正交心呢?就是因为这个世界在某种意义上是成人的、理性的、冷静的、逻辑的、自我的世界,不符合这类标准就会受到"冷落"、打击及制止。

所以,"换位思考"在人际沟通上是非常重要的,因为不了解对方的立场、感受及想法,我们无法正确地思考与回应,"换位思考"其实就是理解别人的想法、感受,从对方的立场来看待事情。它需要一点好奇心,然而遗憾的是,许多人的"换位思考"却缺少了这个要素,他们是站在自己的位置上去猜想别人的想法及感受,或是站在一般的立场上去想象别人"应该"有什么想法和感受。

很多时候,我们都会为别人着想,但是,别人并不喜欢你为他所做的一切。当事情的后果不符合我们所想象和期待时,我们大多会觉得委屈,觉得自己"好心没好报"。那么,真的是别人不明白我们的"好心"吗?

仔细分析,我们会发现,这种"换位思考"其实只是以"本位主义"来了解别人的想法及感受,而并非真正地为别人着想,因为它忽略了对方真正的想法及感受。这种做法不尊重别人的责任,不尊重别人的能力,不尊重别人的自主权。

所以,"换位思考"并不难,难的是你能不能放下自己的"主观"判断,只有真正地了解对方的心理,才能真正做到"换位思考",也就能够采取正确的方式做正确的事。

不管是在生活中,还是在工作中,人们常常会为一些矛盾各执己见、争论不休,最后不欢而散,这不仅伤了彼此之间的和气,还于事无补。其中的原因,就是矛盾双方都没有"换位思考"意识,没有站在对方的角度上去考虑问题。

要营造一个和谐的工作氛围和社会环境,必须要学会"换位思考"。

当问题出现、矛盾产生时,当事双方或多方首先应该进行沟通,应以平和的心态、平等的位置,用心、专注地倾听对方把话说完,尽量准确地了解问题的所在,便于有的放矢。

"换位思考"是人对人的一种心理体验过程。将心比心、设身处地,是达成理解不可缺少的心理机制。将自己的内心世界,如情感体验、思维方式等与对方联系起来,站在对方的立场上体验和思考问题,从而与对方在情感上进行沟通,为彼此增进理解奠定基础。

"换位思考"的实质是对交往对象的切身关注,深入对方的内心世界。它既是一种理解,也是一种关爱。

虽然我们每个人因为性格、经历、观念、爱好、学识等不同，个人的需要也必然会千差万别，但每个人的需要又有其共性。我们可以把自己置于对方的角色中来考虑自己的需要，从而推断他人的想法。这是我们了解和洞察别人心理的一个入口。

一个人不管他嘴上怎么说无所谓，都是非常关注自己在别人心里的价值的，人们从心底里期望得到他人的重视、承认、尊重和赞赏。当这种心理需要得到满足时，我们就会有一种很好的感觉，会心情愉快、充满信心；倘若这种需要总是遭到他人的忽视、否定甚至被有意地剥夺时，我们不仅会情绪低落、郁郁寡欢，有时还会因失去理智而出现攻击性的言行。

所以，卡耐基说："人类本性最深的需要是渴望别人的欣赏。"詹姆斯也说："人类本质中最殷切的需求是渴望被肯定。"

卡耐基写了一本享誉世界的书《人性的弱点》，他经过广泛而深入的访问和调查，发现人性的弱点在于每个人都希望和喜欢别人肯定、鼓励和赞扬自己，而害怕批评、斥责，抵触他人对自己挑毛病、泼冷水。卡耐基说："批评、责怪就像家鸽，你放飞后，它们总会回来的。如果你我之间明天要造成一种历经数十年、直到死亡才消失的反感，只要轻轻吐出一句恶毒的评语就行了。"

在开口说话前，先问一下自己：

当我犯了过错时，我希望别人批评我吗？

——不，我希望得到原谅。

当我做得不好时，我希望别人嘲笑我吗？

——不，我希望得到鼓励。

当我遭到挫折时，我希望别人幸灾乐祸吗？

——不，我希望得到帮助。

当我情绪低落时，我希望别人冷落我吗？

——不，我希望得到安慰。

当我总是因听不懂而问个不休时，我希望别人觉得我烦吗？

——不，我希望得到耐心。

……

那么，当他人也处在类似情景时，就做他人希望你做的事吧。

有时候自己认为正确的观点，在别人眼里未必如此。在考虑问题时，有时应该先搁置自己的观点，换个角度来思考，你就会了解看待事物的方式其实不止你这一种。

一个小男孩去食品店买冰激凌。他坐在桌子旁问售货员："蛋卷冰激凌多少钱一个？"

售货员回答说："75美分。"男孩开始数他手中的硬币，然后又问小碗儿冰激凌要多少钱，售货员极不耐烦地回答道："65美分。"

男孩买了小碗儿冰激凌，吃完后就走了。当售货员来收空盘子时，发现盘子里放着10美分的小费。

用希望别人对待你的方式来对待别人，是将心比心；用别人期望的方式来对待别人，是善解人意；为对方着想，这是最朴素也是最高超的处事技巧。

"换位思考"，要学会沟通，学会宽容，学会合作，学会思考，而"换位思考"的结果，就是"双赢"。如果我们时时处处都能站在别人的角度思考问题，体验他人的情感世界，我们就能融洽、友善地与人相处。

第 六 章

先"谋生",再"谋爱",
穿越人海拥抱你

为别人改变自己最划不来

(现身说法:李媛媛,女,31岁)

我曾经看过一个采访,记者采访一个开饭店的女人,问到她的成功秘诀,她说:"其实开饭店很像女人找对象,一定要有自己的'当家菜',才能成功。不能'傻子过年看隔壁',人家'川菜'做得火,我们也做'川菜';过两天'粤菜'火了,又赶着进生猛海鲜;再过一段时间,'湘菜'进京,又开始烧红烧肉。最后,弄来弄去,就会失去自己的特色,没有特色就留不住人。"

女人不是生来就该为男人牺牲和改变的,做男人的"花朵"风险太大,一旦失去了男人的爱,"花朵"就会萎谢。女人要做也要做自己的"花朵",让自己的努力、坚持、智慧全部变成培育"花朵"的肥料,为自己"盛开"。

20岁那一年,她是一个大大咧咧、没心没肺的小女生,喜欢笑,喜欢闹,梳一头利落的短发。看着好朋友一个一个逐渐地有了自己的"护花使者",她毫不羡慕,反倒乐得逍遥。她觉得偶尔一个人逛街,一个人看碟,一个人"泡"图书馆,也没什么不好。更何况她还有好"哥们儿"——那些喜欢和她在一起玩的男生,她和他们"称兄道弟",一起滑旱冰,吃烧烤。她,并不觉得寂寞。

24岁那一年,她已经大学毕业,工作了两年,还是一头短发,英姿飒爽。虽然已经是一家规模不小的公司的职员,她还是喜欢穿休闲装。公司对员工的着装并没有特别的要求,所以她出现的时候,务必是清爽而休闲的风格。身边的朋友都开始成双成对,只有她还形单影只,家里开始频频为她安排相亲。第一次,她开始正式地和男人约会。

男人请她吃饭,问她,喝点什么?

她说,喝啤酒吧,喝着痛快。

而后,她大口大口地喝酒,男人看着她微微皱眉。

她问男人,你觉得我怎么样?

男人说,我更喜欢温柔贤淑的女人。

她放下酒杯,说,那我应该不适合你。然后,她拎起挎包,扬长而去。

时光流转,一眨眼,她已经27岁了,依然单身,还在家人的安排下不断地相亲。男朋友没找到,她倒是和几个相过亲的男人成了"哥们儿"。那些男人结婚时,都邀请她去喝喜酒,她亲眼见证了与她相过亲的几个男人一生中最幸福的时刻。

很快,她29岁了,过生日的时候,她忽然惊觉,原来自己已经成了传说中的"剩女"。女人是"花",花总有花期,一旦错过,即使依旧盛开,也是寂寞。看着"死党们"个个都在家"相夫教子",一脸幸福的样子,她突然有些寂寞了。女人很多时候不是输给自己,而是输给了时间,输给了等待。

这一次,她决定向自己妥协,世事不断更迭,她又有什么是不可以妥协的呢?她决定听从"死党们"的建议,留起长发,穿起裙子,做"小鸟依人"状。

很快,她就遇到一个心仪的男人,有着整洁干净的气质,微笑的时候，露出洁白的牙齿，温文而又诚恳。她暗自欢喜：我运气还真好！

两个人约在西餐厅见面，对男人提出的所有问题，她都小心翼翼地回答。她不紧不慢地品着咖啡，甚至抬头看他的时候，也是娇羞无比。整个晚上，她表现得很含蓄、温婉，与以前判若两人。

送她回家的路上。他说："你和我想象的不一样。"

她问："你想象中我是什么样子？"

"听你的朋友说，你是一个率真直爽的女孩子，从来不会去刻意掩饰自己。但见面后才发现原来你并不是这样的女孩。"他笑笑，表现得很无奈。

"那你喜欢什么样的女孩？"

"我喜欢简单、自然的女孩，就像小溪一样清澈见底，我是很简单的人，只是希望两个人的相处可以轻松，不用猜来猜去。"

她没有说话，在夜色中伫立着、沉默着。

其实，她和许许多多的女人一样，愿意为了心爱的男人去改变自己，哪怕是去做一个和自己完全相反的女人。他说自己喜欢女孩穿裙子，你就不再穿钟爱的牛仔裤；他说希望周末的时候可以和你在一起，你就推掉了和朋友们的约会，就连坚持了很久的"瑜伽班"中断也在所不惜；他说最喜欢你微微一笑的样子，你就不敢再开怀大笑；他说不喜欢你穿黑色的衣服，以后哪怕看到再喜欢的款式，你也会忍痛割爱……总之，他说的话就是"圣旨"，他的意见左右着你的喜怒哀乐。

其实，我们每一个女人都是独一无二的，没必要为了迎合别人而刻意地去改变自己，更是没必要为了男人的好恶而放弃自己原有的秉性。如果你为了他，不断地去改变自己，很努力地去接近他的标准，那么，你将离你自己越来越远。你可知道，当"你"不再是"你"的时候，当初爱你的男人又会爱你什么呢？而当你失去自己的时候,你也将失去他。何况如果你不是对方所期待的那种人,那么你再怎么努力也是徒劳的。

为别人改变自己最划不来,到头来你会发现自己活得太委屈,而且对方对你的"牺牲"也不一定欣赏。

"他"来,我不害怕

小余最近超级郁闷,因为连在她眼里"最差劲"的女同事都嫁出去了,她却继续迷茫于谁是自己"对的人"。小余的"软件"、"硬件"皆不差,当她向我们抱怨自己在交友网站上回信率很低时,竟然有人说,那是因为你条件太好了,看上去简直像个"婚托"!

城市中越来越多像小余这样条件不错的"剩女",她们身上几乎有着同样的特质:对自己,同时对男人有要求。一个女人,对自己有要求是应该的,只有这样你才能有份好工作,对抗"金融危机";才能保持健康的身体,对抗岁月的腐蚀;才能保持经济独立,不用看男人"脸色"。然而,倘若你盲目地对男人也有这样那样的要求,只能说明你并不了解男人,或者至少不了解"男女游戏规则"。

比如小余,尽管求爱信并没有"如雪花般飞来",然而在我看来,至少有几位愿意回信的男子是值得一见的,而她却从未与任何一位在交友网站上相识的男人约会过。

"他都30岁了,还跟父母住在一起,这怎么能行!"

"天,他居然在照相时穿粉红色的衬衣,以为自己是贝克汉姆吗?"

"他的眼睛太大了,我讨厌大眼睛的男生。"

日子久了,朋友们懒得再关心她什么时候结束单身生活,甚至有人说:"我根本就没看出来她'恨嫁',否则为什么不去尝试约会?"

一个女人,如果她愿意给男人一些机会,尝试着与他们交往,恐怕根本就没机会成为"剩女"。所谓"剩女",通常她们思考的时候比行动的时候多,单身的时候比恋爱的时候多,并且单身的时间越久,这种状况越明显。她们认为自己已经没有多少青春可以用来"挥霍"与"浪费",于是希望目标明确,每一场约会都"不落空"。

"我应该找个什么样的人",几乎是"剩女"每天入睡前的必修课。在一次次思考中,那个男人的形象日益清晰,她的心里充满喜悦,觉得"革命"已经成功了一半。第二天睁开眼睛才发现,尽管自己的要求并不高,甚至每一个条件都是"卑微"的,然而,同时符合所有条件的男人却是凤毛麟角。

"退一步海阔天空"的道理她们也不是不知道,可是,她们觉得都坚持到这种地步了,却还是要妥协,那岂不是太可惜了吗?

因为不甘心、怕后悔,所以只能一条路上"走到黑"。更麻烦的是,她们还必须故作轻松,像刘若英那样镇定自若地说"我觉得在每一个文明程度较高的城市,都会有很多单身的大龄女青年",好像文明发展的程度是以"剩女"的多少为标准的。日子久了,女朋友懒得再给她当红娘,男人更是觉得这个女人根本不需要男伴或老公,因为"她可以一个人处理好生活中全部事情,甚至像蓝心湄那样去人工授精,选择让自己的宝宝拥有牛津博士的基因"。

对于独立而又成熟的都市女性来说,若要你在男人面前"扮天真",告诉他"没有你我就活不下去",显然不太现实。就算你"恨嫁"恨到骨头里,也不会将寻找一个男人当成自己的人生目标。然而,倘若你年龄超过28岁,未婚,的确需要花一点时间来考虑一下,如何才能让自己更快地"嫁出去"。

所谓"脱单",看上去如"万里长征",第一步却异常简单。你只要放弃那些对理想对象的想象与要求，尝试与所有可能或者不可能的男人约会就可以了。

"他绝不可能是我喜欢的类型",正是这些武断的判断,使你的单身生活变得越来越漫长。也许当你尝试着跟他一起喝喝茶、吃吃饭,会发现喜欢穿粉红衬衣的男人不一定都是"自大狂",跟父母一起住的男人不一定就是因为他们买不起房子,"天蝎座"与"处女座"有时候也挺"来电"。

能不能遇到"对的"男人并不完全是运气问题,而是对待爱情的态度问题。人生经历使"剩女"们变得越来越成熟和迷人,同时亦让她们变得过于理智和保守。其实爱情永远是"冒险家"的乐园,反正你闲着也只是胡思乱想,为什么要拒绝与一个看上去"不太合适的男人"约会几次呢?你难道没发现吗,"平装本"男人需要耐心发掘,而"精装本"男人老早就被一抢而空了。

"我不是不想嫁,可是我觉得……",类似这种交流只会让你的未来男友条件"明细单"越拉越长,最后你只好去"火星"上找到这样的男人。

所以,去见男人吧,跟他们吃饭、聊天、牵手、拥抱……然后再来谈论什么样的男人适合自己。要想"脱单",就必须让自己身上有迷人的恋爱气味,越恋爱越有"异性缘",越"空窗"男人对你越疏离。

哪怕你不再年轻了，努力也永远来得及

33岁的杨蜜是一家跨国企业的"白领"，研究生毕业后没几年，她就已跻身公司的中层。但事业有成的她却一直没找到自己的"另一半"。这些年，追求她的人从没断过，但她却始终没有遇上合适的人。在杨蜜看来，那些追求她的人不是学历不够，就是长得不帅；不是不够体贴，就是缺少男子气概。一来二去她的终身大事就被拖了下来，她成了一个实力派"剩女"。

杨蜜可以说是一个"典型"，她有着绝大多数"剩男"、"剩女"都有的共同问题：过度追求完美。他们的理念是：宁缺毋滥。这部分人大都有较高的学历，较好的工作、家庭、外貌等条件，可以说是相对"完美一族"。因此，他们对"意中人"的要求也更高。

"挑挑拣拣"直到自己被"剩下"，杨蜜才有了紧迫感。家人总是提醒她别再挑剔了，朋友更是好心地劝她，还拿自家男人身上的缺点来举例，"你看，我们每个人的老公都不是完美的，都有一些小缺点。小洁的老公不爱干净，但从不会忘记重要的纪念日和她的生日；小青的老公收入不高，但是非常疼她……"世界上根本不存在十全十美的人，每个人都有或多或少的缺点。关键是，他身上总有一个优点让你会不去计较或者忍受那些令人讨厌的小缺点，而那些缺点或毛病也正是属于他自己，而不是属于别人的"小特质"。与人相处需要宽容，爱情也是需要包容的。

追求美好的对象本身并没有错，但如果容不下一点缺憾，对身边的人"横挑鼻子竖挑眼"，总觉得"那山总比这山高"，这就可能是过分的要求了。对自己过高的评估,带来的或是看轻别人,或是更多地看到了"物质"的东西。很多"剩男"、"剩女"列出的心仪对象条件,都是自相矛盾的:比如希望一个男人事业有成、居于高位,同时又不能太忙,要常常在家陪自己看电视、聊天,哄自己开心;希望一个女人要听话,但挣的钱不能比自己少……他们根本不是在找相爱的人,而是在找一个完美的人。

在择偶上脱离实际,想追求完美另一半的女性应该好好审视一下自己:你们也是普通人,也有缺点和不足,何必非要挑剔别人。

杨蜜通过仔细审视自己的心态,发现其实自己是太希望将所有特质集于男友一身。她希望自己能找到既能有一定经济能力,又有情趣;既有事业心,又有闲暇时间陪自己;既专心,又浪漫;既能像朋友一样聊天,又能如恋人一般体贴;既像父亲一般宠爱自己,又如孩子般懂得逗自己开心的人。一个男人的身上怎么可能同时具备所有这些特质呢,她自己心里也明白,这都是她的奢求。

我们需要另一半,是因为我们都不够完美,我们需要彼此依靠、彼此扶持来度过一生。你要寻找的另一半重要的不是对方有多完美,而是他与你的契合度有多高,适合的人远比完美的人更能带给我们爱情、婚姻的满足感。

有的时候,我们并不是很了解自己的内心,好好地跟自己的心灵对话,想想,是什么原因让我们和"缘分"一次次擦肩而过。

其实,哪怕已经没有了青春,努力也永远来得及! 你要相信爱情,相信自己值得更好的爱,相信自己有能力、有资格获得幸福。倘若你今天过得不尽如人意,那是因为你昨天不够努力;你的明天是否会更好,取决于你今天是否努力! 所以,你下定决心,立即行动吧! 现在,你已经明白了努力的重要性,但相比努力,更重要的是努力的方向。你知道正确的方向吗? 你知道怎样努力才能事半功倍吗?

首先，你要审视自己的过去，是什么原因造成了你今日仍然单身？不要从别人身上找原因，责怪别人或寻找外部原因只是一种逃避的托词，改变自己才能赢得幸福。你要清楚以往婚恋的失败原因是什么，只有了解了过去，才能调整自己，避免日后重蹈覆辙。

其次，你要重新评估、了解自己的实际情况和需求，制订合理的择偶标准。你要清楚每一个人都有优缺点，所以要求对方面面俱到是不切实际的。但要懂得坚守合理的要求和标准，不要因为暂时没遇上合适的对象而将要求一降再降，免得婚后后悔、不甘心。你要明确自己最看重的是什么，不能什么都想要。

第三，整体提升状态和魅力。不要高估了内涵的吸引力，不要以为对方可以越过你的"外表"而直接爱上你的"灵魂"。你需要内外兼修，永不放弃对美的追求，也要充实自己的内心，静下心来思考总结，有自己的观点和立场，不要人云亦云、随波逐流……你可以做的还有很多，尽量充实而快乐地度过每一天，生活一定不会辜负你的努力。

第四，当你在茫茫人海中搜寻理想对象的同时，也要学会把自己的优势展现出来，让优秀的异性更快速、更方便地发现你，从而提高择偶成功的几率。

一次"60分起跳"的爱情

大凡到了适婚年龄却依然"赖在"父母身边的男女，都有过类似的"相亲"经历。有人说，"相亲"等于"60分起跳"的爱情。遇不到

100%的爱情,那就找一个"60分"的对象,能"爱起来"就好。

"相亲",不是现代社会选择恋人的最佳途径,也不是社会公众最津津乐道的方式,但它的确为不少适婚男女创造了寻找"意中人"的机会。少一点功利心,多一点对爱情的期待,或许相亲并不像你想象中的那样糟糕。

但是,"相亲"并不是适合所有的"恨嫁女"的,先来做做以下测试吧:

拳击是一种强对抗、激烈的男性化运动,但是它也受女性的欢迎。实际上,拳击比赛中最令人玩味之处,便是在于将对手击倒的那一瞬间的快感。但相反,在拳击赛上下赌注是需要冷静的。只有保持清晰判断的人,才能赢得赌局的胜利。而这种心态和人们在相亲时仔细观察对方的心态是相通的。我们这个测验,就是借拳击赛来"诊断"一下你是否适合相亲结婚。

你在观看一场拳击比赛时,希望看到在哪个回合决出胜负?

A.第一回合便决出胜负。

B.第五回合决出胜负。

C.一直打完比赛。

答案:

选A的人:如果以100分为满分的话,那么你的"相亲适合度"只有45分。由此看来,你并不适合"相亲",大概是由于生性比较急躁的缘故吧。但急性子的你一旦听到婚姻专家说"今年再不结婚的话,要等10年才有下一次缘分"时,就会迫不及待地四处"相亲",然后随便"抓"个男人,几个月之后便火速结婚。你的这种个性如果不改的话,要小心婚姻变成悲剧呀!

选B的人:不肯冒险去赌"冷门",只走可靠路线的你,对"相亲"

也持相同的态度。因此,你的"相亲适合度"高达85分。虽然你的适合性很高,但"红娘"的功夫也在一定程度上对你"相亲"成功的几率有影响。

选C的人:你在参加"相亲"之后会考虑良久,最后可能还是会以一句"你太完美了,我配不上你"来拒绝对方。或许你本人对"相亲"不甚热衷吧。这也是无可奈何的,所以你的"相亲适应度"只有20分而已。虽然你现在还很年轻,来日方长,但经验告诉我们,等到想"相亲"时已来不及的例子不少,所以你还是好好考虑清楚吧。

当然,这个测试只能作为参考,最重要的是你的内心并不排斥"相亲"这种"古老"的形式。一些女孩对于"相亲"存在偏见,面对父母安排的"相亲"经常故意让对方难堪,来摆脱"相亲"。这样的方式并不可取,每个人都有追求真爱的权利,不认可这种形式,但也没必要去伤害他人。

雪见从26岁开始"相亲",至今5年了。让雪见难过的是,"相亲"不难,但"接下来的那一步"却很难!

见完第一次面,印象不错,那么接下来,谁能告诉她,到底是该男人主动,还是女人也需要适当的主动一些?是谁比较喜欢对方,谁就该主动吗?还是作为女人,即使很喜欢,也不该主动?

这时候,通常"介绍人"的任务已经完成了,如果两个人都不肯再往下"走一步","不了了之"通常就是"相亲"路上最常见的"夭折"方式了!

有几次,雪见好不容易鼓起勇气开口:"再见一次面吧?"不论是任何原因,"若是对方刚好没空,或者口气略微匆忙、冷淡,雪见的自尊心就立时"碎落"一地,她会倒吸口气赶紧说:"哦!没关系!

下次再说!"

没关系!真的没关系才怪呢!没有人会对"被拒绝"无动于衷!哪里还有什么下次!

三番五次后,尽管雪见很想找到真心喜欢的人,但是一旦对方采取了主动,雪见反倒对他的好感都荡然无存了,无论理智上怎么说服自己,说这个人还是不错的,值得继续交往下去,但感情上就是"爱不起来"。

一次成功的见面不难,难的是如何把"成功"延续下去。往往,在自由恋爱的时候,不少人用三五年去追寻一段未果的爱情也不觉得可惜,但在"相亲"时一旦被人拒绝就接受不了打击。原因是他们对"相亲"太先入为主,认为"相亲"以后,对方反应不热烈就是"人家看不上我"因而伤了自尊。如果不纠正这个认识的误区,那么,很多成功的"相亲"就往往"胎死腹中"了。

其实,"相亲"只是一种让你和他认识的途径,你先要摈弃那种"被挑选"的感觉,这样,你就不会有"挑不中"的羞愤。

无论男女,自己觉得喜欢的就要主动争取,万一对方拒绝了你,也不要过分敏感,多给对方一点时间,也是给自己一个机会。如果对方看中了自己,可以在周末约他去个有情调的地方,如果是还想见几次再做决定的,可以约他去"肯德基"一类的快餐厅吃几次饭。

一般来说,70%的男人不喜欢高傲和不屑一顾的女人,直接一点、简单一点的女人会让他们感觉轻松。男人是很粗心的动物,或许他是真的没空,并没感觉到他的拒绝伤害了你,建议你先打听一下他的工作时间,尽量选他有空的时候约他。

如果你善于言辞的话,就找个安静的地方约他聊聊天;如果你不善言辞,不妨约他去唱唱"卡拉OK",用歌声代替心声;如果你连歌也不会唱，那么，可以约他看看电影什么的，或寻找一个双方都感兴趣的影片。

另外，"相亲"之前，多了解一些"相亲"对象的背景，不但让你可以更容易地找到话题和对方聊天，也会帮助你确定对方是否适合自己。

王梅第一次见到汪洋的时候，天刚好在下雨，王梅的鞋子都湿透了，他问了王梅鞋子的尺码，让王梅在饭店等他，回来的时候手里拿着和王梅脚上同一款的同一品牌的女鞋。当时，王梅很感动，庆幸自己在相亲的"路上"终于"走到了头"了。但是，后来，当王梅正式做了汪洋的女朋友后，才发现他是个得到了就不懂珍惜的人，比如，他们计划买房子，要买140平方米，王梅觉得对目前他们两个人的经济能力来说，压力太大，100平方米左右的房子已经足够了。可汪洋却说王梅是"女人头发长见识短"，根本不尊重王梅的意见。尤其让王梅心里不舒服的是每次去汪洋家做饭，他总说王梅的厨艺需要提高，还说女人就应该懂得怎样满足男人的"胃"，一点都不像他们初次见面时那么细心。

王梅原来以为他们会开始一场浪漫的恋爱，可是现在王梅只看到了生活的琐碎。

汪洋的目的并没有错，但是没有和王梅达成共识，他忽略了对方的感受，没有认识到王梅还是一个内心憧憬浪漫的小女孩，她还不了解自己真正需要什么样的男人，她走了"相亲"的形式，但实际上心里并没有接受"相亲"这种方式。因此，他们不能很快地从"相亲"过渡到"相爱"。

下面列出了"相亲"中的常见的一些问题，可以让你学会如何从"相亲"走到"相爱"。

问题一:"第一印象"很重要,就是俗话说的"有感觉,心动或者'来电'",但也有人认为"第一印象"具有欺骗性?要不要相信"第一印象"?

解决方案:心理学中有"首因效应"和"近因效应"这两个概念。"首因效应"就是说"第一印象"一旦建立,其后的信息组织、理解都会根据"第一印象"来完成;而"近因效应"是指最新获得的信息影响比原来获得的信息影响更大。一般说来,熟悉的人,特别是亲密的人之间容易出现"近因效应";而不熟悉的人之间容易出现"首因效应"。"相亲"过程中,"首因效应"更明显;而在日后的交往过程中,"近因效应"则更起作用。

问题二:相亲时应保持怎样的心态及如何展示自己的最佳状态?例如,"闺蜜"或亲朋介绍的相亲对象与自己的喜好相距甚远,如何很好地应对又不伤及对方的感情?

解决方案:以"平常心"对待,不抱过高希望,希望越大,失望越大;不抱悲观论调,否则出发前就已经有内在的情绪产生,整个过程也会让自己、对方感觉不适。举止得体、自然大方就好。如果介绍人推荐的"相亲"对象和自己的要求相差很大,第一次可以礼貌地回绝,但要向介绍人讲清自己的要求,你表达得越清晰,介绍人越觉得你对他(她)的信任和你对"相亲"这件事的诚意,以后也会更注意你的感受,介绍更适合的人给你。

问题三:相亲场合应如何打扮及注意些什么?

解决方案:适当的装扮是需要的,至少是对自己和对方的尊重。但别过于性感和夸张,第一次见面就把对方"吓着",因为结婚的对象还是让人放心比较重要。着装的颜色可以选择能让人见了就有轻松感的浅蓝、淡绿、粉红、薰衣草等颜色,而艳黄色容易使人大脑中主管焦虑的神经兴奋，尽量避开这个颜色。如果你本身就健谈、外向，再穿大红色容易让初次见面的人觉得你过于自信和强势，可以巧用其他不同纯度和明度的红色，或用红色配饰点缀，既显欢快又不过于夸张。

问题四：平时工作实在太忙，希望利用长假"广撒网"，集中"相亲"寻找感觉这事靠谱吗？

解决方案：集中"相亲"看似高效，但会让自己产生"审美疲劳"，从而产生错觉或对"相亲"这件事感到厌烦，所以虽然是"长假"，还要根据"保证质量"的原则适度而行。

问题五：有些"大龄女"平时工作"圈子"很窄，就喜欢网络"相亲"，如何避免遭遇网络婚姻骗子？

解决方案：一定要找正规婚恋网站或婚恋中介公司，如果通过婚恋网站"相亲"，可以把对方的"ID号"给工作人员进行身份核实，在与对方见面前先对其多加了解。如果见面一定要选择安全的地点，比如公共场合等，不宜在"网聊"中过多地泄露自己的私人信息，如家庭住址、工作地点等，直到彼此建立了信任感，才可以慢慢透露这些信息。首次约会要控制好时间，尽量避免对方送自己，要坚持自己回家。

问题六：双方都有一个"择偶标准"，如何选择和坚持？（很多大龄男女一直未婚都是想找一个精神上与自己契合又有生活品位的丈夫或妻子，他们表示，直到现在都没有遇到一个既符合心目中条件又令自己喜欢的对象……）

解决方案：如果长期以来都是这种感受，则需要问问自己，是不是要求太多、过于追求完美、对人过分挑剔等。因为我们自己也不是完美的，但却要求对方比我完美，还特别爱我，都要顺着自己的心意。请你稍加理智地想想这种可能性有多大？每个人都有自己的标准,也有权利追求自己的幸福,那就需要看看双方有多少标准是"交集",又有多少部分是非原则性的,是可以互相包含、相互接纳的。从恋爱到结婚并不是追求完全一致的过程,而是正视差异、理解差异、接受差异的过程。

问题七:相亲"唯条件论",适龄男女早已过了懵懵懂懂、山盟海誓的初恋年龄,对婚姻和家庭生活思考得更现实,比如,男人问女人为自己准备了多少嫁妆,女人则想知道男人的身家条件和养家能力……处理不好这些,会让"相亲"陷入爱情"唯物质论"、婚姻"唯条件论"的危险中……

解决方案:心理学中有个"马斯洛需求理论",提到人的5种层次需求:生理、安全、爱和归属、尊重和自我实现的需要。这在"相亲"中也会体现,嫁妆和身家条件、养家能力的标准,就是安全感和价值感的现实表现,越是对这些方面在意,也就越说明自身安全感和价值感的缺乏。提出这些物质条件并没有什么错,但得看看对方能否接受你这些要求?你自己又能付出多少?凡事都有代价,如果只看重物质条件而忽略情感的依恋度和亲密度,那最后可能得不偿失。

问题八:第一次见面如何做? 要不要带亲友陪同前往?

解决方案:第一次见面尽量做到身心放松,从双方感兴趣的轻松话题开始沟通,比如最近的社会新闻、热门电影、看过的书籍等等,这样不会让对方有压力感,也容易了解彼此的兴趣爱好,看看双方是否合适。就话题的内容方面可以提前关注一下。

如果是信任度较高的"相亲",自己前往就可以了。如果是通过网络认识而自己又不太放心的情况下,可以带上一个同龄好友,但不必全程陪同,只是起到安全保护的作用,让对方也知道你有朋友知道约会地点。首次约会不要带上自己的长辈,那会让对方觉得你的心理年龄不成熟,而且长辈出现在第一次约会中会让双方都很尴尬，"相亲"的气氛和效果会大打折扣。

问题九:比较熟悉以后的约会最重要的目标是什么? 双方怎样培养"亲密感"?

解决方案:建立良好的"依恋感"和"亲密感",体验爱、表达爱、坚持爱。比如互送小礼物,了解对方的生日,说甜言蜜语,发思念短信,给对方"小惊喜"。在对方感到孤独时,给对方及时的陪伴与宽慰。真爱会令人无私地想为对方做些事情,以对方的快乐为己任。

即使你特别喜欢他,"也要请他来追你"

很多时候,女人们都会遇到这种情况,他爱你,你也爱他,可是究竟该由谁来"捅破这薄薄的一层纸"呢? 此刻,男人和女人都在打着自己的"算盘"。对于女人来说,主动,或是被动,哪一种选择更有利呢? 有些女人选择了被动等待,就像古代那个"守株待兔"的老农一样,也许那只兔子会直直地冲向你,你能不劳而获,但是成功的几率并不比彩票中头奖高。还有一些女人以"飞蛾扑火"之态将"爱的绣球"抛到了那个男人的头上,也许你真的赢得了爱情,这自然值得庆祝一番,但是并不排除一种可能,就是你的"主动"虽然最终使你们确立了恋爱关系,但你却始终处于一种"被动"的地位,为了维护这段得之不易的爱情,你可能会小心翼翼、如履薄冰。

你要保持对追求者的优势,无论是心理上还是实质上。

男人对女人的爱,来自性欲和征服欲。性欲和美貌有关,征服欲和女人的地位有关。

有些女人对男人太好时,很容易把自己放得很低,甚至如同男人的"奴仆"一般。但是试想,有几个男人会想去征服自己的"奴仆"呢?

男人追求的目标,是远远超过自身的存在,是看起来自己追求不到的女人。所以,你要想让他对你感兴趣,一味对他好是没用的。你必须想些办法,激起他对你的"征服欲"。

你为男人"关上了一扇门",就要再为他"开一扇窗"。用你自己的方法,暗示这个男人来追求你。可以偶尔和他约会一两次,让他知道你虽然很多人追,但是洁身自好。让他知道虽然你身处喧嚣之中,但自己还是安静自若。你要让他知道,你会给所有人机会,但最终等待的是个"执子之手与子偕老"的人。

女人最终目的就是要让男人明白,"你"是他的目标,但不是一个可以轻易"征服"的目标。而这种目标,恰恰是最能够激起他们的喜爱、欲望和斗志的,能让他们用尽力气来"征服"你。

恋爱中的男女扮演着不同的角色,男性使尽浑身解数"攻城略地",进退有度,女性控制恋爱火候,使男性保持不断进攻的态势,让男女关系的互动体现得淋漓尽致、和谐美好!

尽管当今社会恋爱态势日趋多元化,但无可争议的是,"男攻女守"——男性主动追求,女性挑选接受,仍然是绝对的主流。

这里说的"男攻女守"并非是让女性静静地等待,不做任何反应以应对男性的进攻。殊不知,征战沙场的勇士虽不惧怕失败,但他会害怕你的拒绝让他颜面无存。如果你对某位异性有好感,高调和主动反而会吓跑对方,没有一个男人会觉得被女人"追到手"是一件值得骄傲的事。

美国著名两性情感专家约翰·格雷在《男人约会向北,女人约会向南》一书中提示,恋爱阶段男女约会的全部要义在于:对男人来说,需要从一点一滴的小事做起,显示出他对女人的兴趣与关心;而对女人来说,则需要大方地接受他的示爱、他的付出,并且从这些过程中发现自己是不是真心喜欢他。所以,"男人追求,女人引诱"是最佳的情爱策略。

张小娴说过:"女人的追求其实只是用行动告诉这个男人,请你追求我! 意思是拉开架势,垂下鱼线,愿者上钩而已。"而男人们津津乐道的是"以为是我勾引了你,谁知中了你的'美人计'"。

很多女性总是抱怨,为什么不停地付出,换来的却是男人的冷漠无情和更多的背叛? 关键就在于她们打破了"男人主动、女人被动"的情爱游戏规则,剥夺了男人"征服女人"的权利。

如果女人总想方设法取悦男人,满足男人的每个需求,男人不仅少了那层神秘感,还会在潜意识中要求女人:"你还可以为我付出更多。"长此以往,女人一味付出,男人一味索取,男人的"主动性"变为彻底的"被动性",女人的爱情悲剧就不可避免地发生了。

聪明的方法是"若即若离",让他"可望而不可即",最厉害的一招则是始终让他"求之不得"。"若即若离"也好,"求之不得"也罢,其实就是在男性面前摆"迷魂阵",保持一定的"神秘感",不让他一下子看透你。

女性朋友们不妨制造出一定的距离和空间,给男人某种不确定感。让他花费更长的时间,更深入地关注这段感情,如同大树的根系深深地扎入大地,这样也是为你们将来有可能的婚恋生活打下稳固的基础。

恋爱就是一场"攻坚战",势均力敌、攻守平衡才能动人心弦,有来有往的攻守过程才是其乐无穷的恋爱世界。男女双方在"兵来将挡、水来土掩"的较量和过招中增进了解、加深感情。如何让他在追求的过程中有成就感,在互动的情况下享受爱情的甜蜜,让感情不断升温?你需要防守有度,该矜持的时候要矜持,该热情的时候要热情,以守为攻、以退为进,激励对方保持不断进攻的态势,这才是"男攻女守"的核心目的。

有句话说得好:"男追女,隔层山;女追男,隔层纱。"但大多数男人不怕"翻山越岭",因为中间的千难万险反倒让他们感觉到其乐无穷;"纱"很薄,大多数女人却不愿主动揭开那层"纱",因为聪明的女人知道,神秘的"面纱"要由男人来揭开才更加惊心动魄,更加出神入化、浪漫迷人。

(1)"要他追你":去刺激男人的"狩猎"本能。

虽然这个年代男女平等,但要想成功地"掳住"他,是要令他主动追求你,因为男人天生具有"狩猎"本能,越是千辛万苦才"捕猎"得到的,他才越会珍惜。而且在男人的内心也常有想要追求的女人,每当得不到便会出尽"法宝",要把握住他们的这种心理,不要那么快地接受他,要让他慢慢等待,这样一定可"捕获"男人的心。

(2)学会赞赏:找到他的长处去称赞他。

男人受到赞赏时,心里会很受用,能"捉住"这点去称赞男人的女人便能战无不胜,但要注意的是不是每位男人都喜欢当众受人称赞,不同的男人要采用不同的赞美方法,大多数男人在"驾车"方面被人称赞会很开心,当然并不是随便地去赞赏,你可以观察生活中他的种种举动,自然地去赞美他,小小的赞美可以令他"提起劲"来。

(3)有点"欲擒故纵"的聪明:束缚他,不如给他"小小自由"。

想要让他更珍惜你,就要学会"欲擒故纵",让他看到你的好,但又不十分接近他。对男人"穷追猛打"只会让他逃离,让他觉得被束缚。不如适当地关怀却又巧妙地疏远,"纵"只是手段,目标是要"擒"。

(4)一齐跨越困难,一同分享感动的事物。

要令男人的心情高涨便要令恋爱得以升华,正如"烧牛扒"般最初用"强火"去烧好两面,然后转为"弱火"去慢慢烧透中心,男人的心也是一样，如果你们所遇到事情和经验都一样，又或彼此能共同应付痛苦达成志愿，男人的心往往会因这些患难而有强烈的反应，对恋爱的态度也会有所改变。

(5)提高自己在对方的心目中"价值"。

如能令男性紧张焦急，对恋爱将有益处，正所谓"一次钓上来的鱼不会好吃"，即是说如果你令他觉得和你在一起是理所当然的话，便不会得到他的重视，适当的时候让对方着急，你便可以保持自己在他心目中的价值。例如，长时间的约会期限为一个月一次至二次，短时间的约会期限为一周一次，使他有一种"饥饿感"，令他有一种想与你待在一起的感觉，这是要保持一种"女性价值"的方法。

(6)激发对方的自尊心，使其变得开心。

正所谓"撒娇能手"便是"恋爱高手"，懂得如何"操纵"男人的心。女性温柔的称呼是很有效的，不要总在对方面前表现得很强势、很能干的样子，爱撒娇的女人是会令男人对你更千依百顺的。

卸下这"感情包袱"，你或许会更相信爱

遇到他之前，她的生命宛若平静的湖面，没有丝毫的涟漪。直到那天，在毫无防备的状态下，他就那样出现了。在那个人来人往的车站，被大雨困住的她，焦急万分之中，他送了她一把伞。从此，两个陌生的灵魂便有了交集。

他们相遇的那个车站，名叫"图书馆车站"。为了还伞，她在车站等过他几次，上天眷顾她的真诚，果然让她等到了他。原来，他每

个周末都会到图书馆看书。相熟后,她总是陪着他,安静地不说一句话。有时夕阳洒满余晖,在他的眼睛里跳跃,令她"醉得"一塌糊涂,移不开视线。

他在备考英语。她知道,他的女朋友在美国,总有一天他也会离去,到异国去和他心中所想的人相会。她什么都懂,却总是安慰自己说:"没关系,我只是在为自己的幸福做一点力所能及的事。"说得潇洒,可她的心却隐隐地疼,会有不舍和不甘。

圣诞节来临,窗外白雪皑皑,灯红酒绿的城市里,空气中弥漫着浮华。她请他去广场看烟花,他去了。在烟花开始前的五分钟,出租车却被堵在路口,她趴在他的肩膀上哭了。他安慰她说:"没事,看看车窗外,烟花多美。"她探向窗外,烟花虽美,却如此短暂。她只觉得苦,觉得冷。

新年过后,他去了美国。所有的快乐与付出烟消云散,她失声痛哭,心痛难忍,天天跑去酒吧消遣。嘈杂的环境把她的痛苦无限放大,多少次她默默流泪到天亮。只过了数月的时间,她已经变得憔悴不堪,整个人也是恍恍惚惚的。

她有点怨恨命运,为什么偏偏让她遇见了他,而遇见了又要分开?他走了,她觉得自己的心都空了,幸福也没了。她把自己封闭在狭小的世界里,不允许任何人踏进。偶尔,在街头看到甜蜜地牵着手的情侣,她的心就像被刀划了一样疼,惆怅在心里化作浓烟,熏湿了眼眶。她想象,此刻的他在美国做着什么?是不是和他的"她",幸福地漫步在校园里? 而今,自己的世界里,只剩下孤独与苍凉。

偶然的一天,她在邮箱里看到一封邮件,看日期,是他临走的前几天。邮件上写道:"你的心意我懂,谢谢你。与你相处的时光很快乐,可是对不起,我们相遇的时间不对。我相信,你会等到那个爱你并真正属于你的人出现。"

原来，他什么都懂，什么都知道。她对镜独照，看到自己蓬乱的头发和苍白的面孔，有些陌生。这还是原来的我吗？她不禁自问。他印象中的自己，肯定不是这副模样。她振作起来，梳洗打扮一番，穿上最喜欢的衣服，走出了家门。

窗外阳光明媚，冰雪消融，春天悄悄地来了，芬芳满园。她忽然觉得，自己能在最美的年华里遇到他，已经是一件幸福的事了。就算没有了后续的故事，但那也是一段值得珍藏的回忆。想到这里，她忽然觉得心里暖暖的：他走了，带着她给的爱走了，而留下的，同样是甜甜的回忆与温馨。

生命不就是这样吗？遇见了一个人，一路相伴，他教你学会爱，学会生活，学会付出，学会幸福。即使他走了，你还有追逐幸福的权利，还要学会继续寻找爱、付出爱、获得爱。

不是每一朵花都能够如期地开放，也并非每一朵开过的花都能结出果实来。对于爱情来说，当你爱一个人而得不到回报的时候，在你付出千般努力也无法得到一个许诺的时候，在你因爱而受伤的时候，千万不要再继续与自己"较劲"了，要学会放手，给彼此自由。否则，带给你的只有无尽的痛苦和烦恼。

人生的风景并不是只在一处，在你为逝去的美景哭泣的时候，眼前可能是一幅更美的画卷。不要沉醉于过去的情感，失去了，意味着这段情感不适合你，一段更好的感情正在等待你。不向前看，你怎能看到眼前的美景？不放下过去，你怎么会获得自由？

人生犹如一部戏，我们每个人都是戏里的主角，每个人都不可能把自己的角色演到极致而不留一丝遗憾，没有遗憾的人生不是完整的人生。放下过去，还彼此自由，让彼此生活得更好，这才是一段真正完美的感情。所以，当你被某些事情搅得心力交瘁的时候，一定要告诉自己：只有放下，才能重获快乐和自由！

第 七 章

"变了味儿"的"朋友圈"，
你烦不烦

我的朋友"董小姐"

(现身说法:徐宁,女,27岁)

她递给我一小块月饼,用促销人员惯用的套话说:"小姐,这是我们店里新推出的口味,今天刚烘焙出来的,很新鲜哦,尝一下吧!"

我猜她一定是个新手,普通话说得并不标准,还带有浓重的山西口音,促销的话也说得不熟练。我把月饼咽进肚子后,面无表情地说:"味道不怎么样。"她愣了一下,然后微笑着说:"没关系的,中秋快乐。"

今天是中秋节,在这个合家团聚的日子,我却被"黑心"的房东赶了出来。此后的一个多小时里,我的视线一直跟着她游走,心里盘算着今晚能在哪里将就一宿。

她忽然尖叫一声倒在地上,月饼散落了一地——有个穿灰色外套的男子甩着臂膀匆匆走过,撞倒了她,她摔伤了手臂。街心花园里没有人在意她。

愣了半分钟后,我追了上去,穿着高跟鞋的我追了那名男子几百米后,终于眼睁睁地看着他消失在人流中。

城市的路灯开启,繁华的商铺闪烁的彩灯闪耀人眼,晃得我禁不住掉眼泪。那个男人是个小偷,他偷走了我身上唯一值钱的东西——手机。因为,刚刚他撞倒她的时候,他的衣服口袋里露出了我的小熊手机挂链。

我沮丧地原路返回,远远就看见她坐在那里。她捂着破了皮的胳膊,坐在我的行李箱上四处张望。她一定没发现我脸上奇怪的表情,自顾自地说:"你还真是个侠女,虽然没有把那个人追回来,但是依然要谢谢你。"

我愣住了,我原本还想谢谢她,如果不是她,没准儿我的行李箱也会不见的,可我还是面不改色、厚颜无耻地说"不用客气"。

月饼店打烊了,街心公园开始冷清下来。我们坐在那里不着边际地闲聊,我问她,你叫什么名字,她说:"董美菊。"我想笑,忍住了,我说:"那么,顾客都叫你董小姐了,就是宋冬野歌里的那个'董小姐'。"她问我:"宋冬野是谁呀?"我真想翻她一个老大的白眼站起来就走——居然连宋冬野是谁都不知道。但是这时候她问我了:"你怎么带着行李箱?"

我随口胡诌:"我是第一次来到这座城市,本来是要来投奔一个同学的,结果却把她的联系方式给弄丢了。"

"要不,晚上我请你吃饭吧?"董美菊热情地提议。

"不好吧?"我扭捏地说,心里却有无数个声音在呐喊,"好啊!好啊!我快饿死了!"

我拖着行李箱跟着董美菊走在这座城市的繁华的大街上。她说自己来这座城市不过两个月,也只是个月饼店的"小伙计"。她热情洋溢地向我介绍"我们的城市",我偶尔装出惊奇的表情来配合她。事实上,我比董美菊更熟悉这座城市,只是我从未用过"我们的城市"来描述它。

酒店、饭馆家家爆满，我们挤不进去，董美菊跑到卤菜馆买了烤鸭和肥肠。我拖着行李箱站在菜市场的入口看着她和卖青菜的小贩讨价还价。然后，她拎着青菜兴奋地跑过来，炫耀地说小贩送给了她一根黄瓜。她把黄瓜拎起来给我看，黄瓜瘦瘦细细的发育不良，还有点蔫，若是在平时我都是直接把它丢掉的。

我们去了董美菊租住的小屋，房间很小，窗户的玻璃破了一块，有风灌进来，我们用电炉子煮肥肠火锅，往锅里"死命"丢青菜。在我的"指使"下，董美菊还去巷口买了两瓶啤酒。我灌着啤酒、啃着黄瓜、编着我凄惨遭遇的"鬼话"，董美菊感同身受地眼泪"啪啪"往下掉，哽咽地安慰我说："床板下压着200块钱，你明天先拿着去用吧。"然后，她把鸭腿夹到我碗里，安慰我说："厄运终将过去。"

我感觉吃得差不多了，便歪倒在地上。董美菊一定以为我喝醉了，她艰难地把我扶到她的床上，帮我盖好被子。我怎么可能这么容易就被灌醉？其实我只是想找个今晚落脚的地方。如果我醒着，我该怎样向董美菊开口要她收留我一晚呢？

我醒来时，董美菊正趴在桌子上睡觉，身上披了床薄薄的棉被。我侧着头看墙上贴着的她的照片：穿着大红色的外套的她傻傻地笑着。照片的旁边有一行工整的铅笔字：董美菊，要努力！

照片的下面贴着张纸条，上面写着她的一系列希望：希望年底能给妹妹攒够学费，希望下个月可以带她去吃"麦当劳"，另外，月底应该给奶奶买哮喘药，最好给爸爸买双新的解放鞋，努力一下，再给妈妈买瓶治冻疮的膏药……

我望着那不算漂亮，却一丝不苟、工工整整的字迹，愣住了，原来，世界上真有这样的女孩，原来，这些微不足道的小事竟然可以是一个女孩努力在"我们的城市"生存下去的希望。

我想起我的一系列"宏伟"的许愿:我一定要进"外企",我一定要赚很多钱去各个地方旅游,我一定要得到一个知心爱人……事实上,就是我屡屡失业后,被房东赶了出来,那些看似平时一起陪着我兴致勃勃地聊天、购物的姐妹们都推说陪男朋友不能来。我原本是满腹怨气、满心不平,可是,这一刻,当我看似宏大的目标在董美菊的面前轰然倒塌时,我一直不平静的心,也在瞬间领悟到了什么……

我蹑手蹑脚地穿好鞋子,顺手摸了摸床板下的东西——200元"大钞"就"躺"在那里,我最终还是没有把它拿出来,挣扎着在这个城市活下去的我们都不容易。看着熟睡中的董美菊,她长得并不漂亮,脸上还有点点雀斑,按照常理我们是很难成为朋友的。然而,这一刻我心里把董美菊当成了自己最重要的朋友。

拎着行李箱走出董美菊的小屋,我在心里向陌生的她告别,感谢她错误的感激,还有她说过的这是"我们的城市",还有……还有她那些平淡的、琐碎的小愿望。

如今的我,已经找到一份文员的工作,虽然薪水不高,但我从董美菊那里学到了,做人不可以太挑别,再宏伟的目标也要从养活自己做起。

前天,我路过超市时,我又看见了董美菊,她站在"雀巢咖啡"的促销展位后面,上身穿着一件薄毛衣,下身是一条红裙子。我和街上的行人一样,都穿着厚厚的棉衣。"天气预报"上说了,冷风过境,气温突降。难道董美菊并不知道?但是我知道,董美菊并不是为了美丽"冻人",她只是希望能多赚每天100元的工钱,她只是希望可以在这个城市努力地活下去。

我"指使"刚结识的男朋友去董美菊的展位买了盒咖啡,我所能做的只有这样——远远地看着她,在这个寒冷的冬天,请将咖啡的醇香与温暖赐予董美菊。

我是来留学的,"朋友圈"请放过我们

"各位亲！我不想再去买千颂伊的唇膏了！一周跑三趟,让我专心学习会儿吧！"在澳大利亚留学的重庆妹子宋丹在微信"朋友圈"里"吐槽"。她的"吐槽"引来了很多在国外的朋友留言,他们说,"朋友圈"拉近了人与人之间的距离,但也给他们的海外生活带来了很多烦恼。

今年25岁的宋丹, 去年7月前往澳大利亚墨尔本攻读硕士学位。在她的留学生活中,学习、打工已经占据了大部分时间。尽管她不愿意帮人"代购",但上周六的一条微信,还是让"代购"找上了她。为此,她一周跑了3次商场,买了7只唇膏。

"我在当地的MAYA商场发现了《来自星星的你》女主角同款唇膏,随手拍照发到了朋友圈。"宋丹说。让她没想到的是,这条消息在她的"朋友圈"里炸开了锅,很多女同学开始给她留言,让她代购女主角用的YSL52型唇膏。除了唇膏,还有同款鞋子、衣服等。"后来,有的同学甚至把衣服和鞋子拍下来,用微信发给我,让我帮她们找,还让我四处去对比价格。"

"买就买吧,我前脚才从商场回来,后脚又有微信留言来了。"宋丹说,光是唇膏,她一周内就跑了3趟商场。"这是逼着我走上专业'代购'的节奏啊！"宋丹说,帮忙'代购'已经搅乱了她的生活,为此,她很烦恼。

于是,她发出了"拒绝代购"的"吐槽"。微信发出后,长达4个小时的时间里,之前喊她"代购"的同学都沉默了,除了两个人"点赞"

外,微信再也没响过了。"我只想安静下,希望没有得罪大家。"宋丹说,"吐槽"微信发出后,她有点后悔。

当微信"一飞冲天",成为社交媒体最耀眼的"明星"时,"朋友圈"也成为国人最重要的网络社交方式,某种程度上,也可以说是不折不扣的"名利场"。

近日"中国青年报"通过对2503名网友"朋友圈"使用情况进行调查,发现70%以上网友的"朋友圈"与现实社交圈吻合,但许多"朋友圈"已"变味"成为"新闻圈"、"养生圈"、"代购圈"、"自拍圈",如同一本三流文摘类杂志。朋友圈里的人,虽大都彼此相识,但感觉不再是所熟悉的那些人,而是政治家、哲学家、养生专家、生意人以及美图代言人,"朋友圈"没有带来与现实交际中相仿的情感交流与互动,更多的是落寞,很难找到友情的味道。

不管你是喜欢它还是厌恶它都无济于事,因为它已经与你的移动互联网"新生活"如影随形了,除非你不用"智能手机",可那将意味着你被整个时代所抛弃了。

当下不断兴起的各种社交媒体虽然解决了时间和空间的社交障碍,但还是只能停留在社交浅层,仿佛是两个机器人之间的冷冰对话,但人类不是机器人,还需要更多深入和近距离的持续温情交流,方能实现人与人情感的大升华。

英国一项调查所得数据显示,人的一生中平均会有64个朋友,其中17个来自工作地点,28个分别来自学校和社交场合,13个来自冰冷的社交网络,还有6个通过亲友介绍。

但是,我们往往为得到这64个好友,需要支付大量的社交成本才能完成这一目标:我们一生中可能要同640000人打交道,社交媒体也是其中的主要渠道之一。

但在"朋友圈",我又遇到难以想象的困惑。比如,我兴致勃勃地分享了一则商业广告、一篇励志文章，对自己来说很有意义，但对别人来说可能就是"垃圾"信息，或是在炫富，或是自曝其短，无意中伤害了不少人的感官意识，倘若"上纲上线"至经济实力、修养品味以及生活作风等层面，很可能还会误导他人对我的形象认知，而解决之道似乎只有抛弃"朋友圈"，但这样无异于"自绝于社会"。

正因为如此，我现在对于传播和分享"朋友圈"如履薄冰，担心自己传播的内容会给他人带来困扰，担心让自己的隐私暴露于他人眼皮底下，也对潜在的未知社交信息感到莫名的恐惧和虚无，也许这正是信息泛滥"中毒"后的综合征表现。

而我们能做的，也许只有不断地选择性屏蔽"朋友圈"动态，"拉黑"那些降低智商、浪费时间、"强迫"你看各种广告的"小坏蛋们"，"掩耳盗铃"般地使自己获得清净。

每个人都是独立的个体，兴趣爱好、认知能力和判断力、情商智商以及价值观、人生观、世界观都不可能完全相同，"朋友圈"分享的内容往往展示了自己真实的一面，对自己来说可能很有意义，比如，各种真假难辨的生活常识，五花八门的新闻资讯，没来由的喜怒哀乐，恶俗的心灵鸡汤，以及搞笑段子、广告推广、小视频等等。这些对于那些发布者来说可能很有价值，而对他人来说，可能会毫无营养甚至感到厌恶。久而久之，现实中的朋友会因为"朋友圈"内容产生隔阂，逐渐生疏，直至被屏蔽"拉黑"。

这种焦虑心态其实也是一种"时代病"，100多年前，德国哲学家尼采已敏锐地预料到现代人所患的病叫"虚无主义"。他认为"虚无主义"时代至少要持续200年，人类将进入"大平庸时期"，在文化生活上，由于内在的贫困，缺乏创造力，现代人是永远的"饥饿者"，急于填补和占有，搜集昔日文化的无数碎片来装饰自己，迫切地需要和获取更多讯息。

"人生若只如初见",是朋友关系追求的理想状态,而"朋友圈"却很容易葬送这种美好。每一次"分享"都有可能左右他人对我们的认知,让我们从中得到的大多是一堆毫无价值的信息,却很难评估到底失去了什么。

很遗憾,社交信息泛滥的当下,高呼"不知情权"已是不可完成的任务,就像有些人曾提倡的"不插电生活",最后只能沦为"口号"一样无奈。我们已经进入了不可逆的"朋友圈"信息"黑洞"中,难以逃遁;否则,不是你抛弃时代,就是时代抛弃你。

路遥知马力,日久见人心

朋友是我们生命中的"贵人",但朋友也会在特定的时候变成"小人",不为别的,大多只为"利益"二字,"天下熙熙,皆为利来;天下攘攘,皆为利往"。

正如安全的地方,人的思想总是松弛一样,在与好友交往时,你可能只注意到了你们亲密的关系在不断增强,你们每天在一起无话不谈。对外人你可以骄傲地说:"我们之间没有秘密可言。"但这一切往往会对你造成伤害。

谢敏上大学后便违背了父母的意愿,放弃了医学专业,专心于写作。值得庆幸的是,偶然的机会让她遇到了知名的专栏作家许家璇,她们成了知心朋友,无所不谈。许家璇悉心指教她写作,谢敏不久便寄给了父母一张刊登自己文章的报纸。一个人在挫折时受到的帮助是很难忘的，更何况是朋友。谢敏与许家璇几乎"合二为一"了，一同参加鸡尾酒会，一同去图书馆查阅资料，谢敏还把许家璇介绍给她所有认识的人。

但这时许家璇面临着不为人知的困难，她已经拿不出与其名声相当的作品了，她创作的源泉几乎枯竭了。

谢敏把她最新的创作计划毫无保留地讲给许家璇听时，许家璇心里闪过了一丝光亮。她端着酒杯仔细听完，不住地点头。

不久，谢敏在报纸上看到了自己构思的创作，文笔清新优美，署名是"许家璇"。谢敏痛苦极了，她等着许家璇给她打一个电话解释一下这件事，但她整整面对报纸等了三天，也没有等来任何音讯。

而从那以后，这对好朋友彻底是分道扬镳了。

现代社会，急功近利者多如牛毛，急公好义者少之又少。很多人都是以利交友，友情的"关系网"以利益为基础。当赖以生存的共同利益不复存在的时候，这张"关系网"也就随之破裂。这种不稳固的"朋友关系"相互之间只有利用，自然禁不起风吹雨打；当无利可图的时候，"朋友"也就形同陌路了。

进而言之，岁月也可以成为真正公正的"法官"。有的人在一时一事上可以称得上是朋友；日子久了、时间长了就会更深刻地了解他们的为人，"路遥知马力，日久见人心"，说的就是这个道理。如此长期交往、观察，便会达到这样的境界："知人知面也知心"。

真正的朋友从来都不是靠着钱财、权势、利益结交而来的，因为真正的朋友之间从来都不会在乎金钱的得失。

管仲，名夷吾，字仲，他幼年时，常和鲍叔牙一起游山玩水，交情深厚，相知有素。管仲年轻的时候，家里很穷，又要奉养母亲。鲍叔牙知道了,就找管仲一起投资做生意。做生意的时候,因为管仲没有钱,所以本钱几乎都是鲍叔牙拿出来投资的。可是,当赚了钱以后,管仲却用挣的钱先还了自己欠的一些债,而到了"分红"的时候,鲍叔牙分给他一半的"红利",他也就接受了。

鲍叔牙的仆人看了非常生气,就对主人说:"这个管仲真是贪心,本钱拿的比您少,分钱的时候却拿的比您还多!"

鲍叔牙却对仆人说:"不可以这么说!管仲不是个贪财的人,他家里那么穷,又要奉养老母,多拿一点又有什么关系呢。"

管仲也曾从军出征,在战场上多次临阵脱逃。有人便讽刺管仲胆怯,鲍叔牙则极力为其辩解,说这是因为管仲家有老母,需要他孝养侍奉,故而不能轻生。

在他们步入政坛后,管仲辅佐公子纠,而鲍叔牙则辅佐公子小白,后公子小白得齐国王位,称齐桓公,桓公要封鲍叔牙为宰相,但鲍叔牙却一再推辞,反而推荐管仲,自己则作为管仲的下属,后来管仲果然助齐桓公成就霸业。

"管鲍之交"被千古传诵,便是因为他们相知有素,而且丝毫不计自己的名利得失。这可以算得上是"道义之交"了。

一个犹太商人在"二战"期间面临生死危机之时,为了保全两个儿子的性命,希望在诸多朋友中找到愿意帮助自己儿子的人。

在几百个朋友中,他发现只有两个人可能帮助自己。一位是德国银行家,他是自己生意上的合作伙伴,这位犹太商人还曾经对他有恩;另外一位是一个住在德国乡下的农民,他是这个犹太商人年轻时的朋友,不过两人已经很久都没有联系过了。

犹太商人思量再三还是决定让两个儿子去那个农民家中避

难。半路上，小儿子决定去找银行家，他认为那个农民已经很久都没有和他们来往了，一定不会帮助他们；而他家与银行家则经常往来，非常熟悉。于是，兄弟两人分道扬镳。

"二战"结束后，大儿子去寻找他失散多年的亲人。遗憾的是，他的父母都已死在集中营里；弟弟也因为被那个银行家告密，而随后被处死。

这位犹太商人无疑是很聪明的，他很明白"利益之交"不可靠，所以他让两个儿子去找那位乡下朋友，虽然那位朋友已经好多年没有再联系了。可惜，他的小儿子自作聪明，最后反倒是误了自己的性命。

朋友分为三种：第一种为利害上的朋友，也就是我们说的"利益之交"，第二种是经济上的朋友，我们可以称之为"通财之宜"；第三种是"道义之交"。

"利益之交"，交情全都系之于利益，算不上真正的朋友；"通财之宜"说的就是朋友之间可以互通有无，不计较钱财得失，这是非常难得的；而最可贵的就是"道义之交"了，相识、相交全在本心，完全没有一丝利害杂质。

"蝴蝶胸针"的灵魂

人们常说："千金易得，知己难求。"或许你从仆如云、一呼百应，但未必有一个知音；或许你高朋满座、珠玑妙语，但知音不是虚位以待就能得来;或许你在亲情的环绕下,有人嘘寒问暖,但他们不一定真的懂你;或许你佳人携子、如花美眷,但爱人不一定能善解人意。"高山流水"的典故体现着千百年来人们对这种情谊的渴求——"知音"。

战国时期,身为晋国大夫的俞伯牙与楚国的樵夫钟子期偶然相遇。伯牙操琴,其意在高山。他弹琴的手刚停,钟子期马上感慨地说:"多美啊,展现在我眼前的巍峨高山!"伯牙不语,又弹奏一曲,其意在流水。余音尚存,钟子期赞叹道:"多美啊,我的面前又展现出一条浩浩荡荡的江河!"俞伯牙惊喜若狂,庆幸自己总算找到了"知音"。他们于是结为"契友",不顾身份、地位的悬殊,以兄弟相称。不幸钟子期因病去世,俞伯牙闻知"五内崩裂,泪如涌泉,傍山崖跌倒,皆绝于地"。而后他又到钟子期坟前跪拜,挥泪为已故的"知音"弹了一首悲哀的曲子,以吊唁亡友。他感到从此再无"知音"了,于是悲愤、绝望地将琴弦割断,将琴摔碎,终身不再弹琴。

茫茫人海,找一个朋友容易,获得一个"知己"却很难。"知己"是和我们同心合契、共创奇迹的那个人;"知己"是同我们和谐相处、分享成果的那个人。常言道:"人生得一知己足矣。""知己"是生命的另一半,是人生"项圈"上那颗最耀眼的钻石。

德国大音乐家贝多芬和舒伯特之间的友谊被传为千古佳话:两人共同生活在维也纳30年之久,虽然只见过一次面,却成为"知己"。在贝多芬的事业如日中天时,舒伯特只是一个默默无闻的音乐创作者。贝多芬生性孤僻,舒伯特深知他的个性,所以从不敢贸然造访。直到后来,因为一位出版商的盛情邀请,舒伯特才带着一册自己的作品前去登门拜访。不巧的是，恰逢贝多芬外出，舒伯特只好留下作品，怅然而归。

然而，当贝多芬患病后，有一天，友人想调解他的寂寞，随手拿起桌上的一册书放在他的枕边，让他翻阅消遣。这册书正是舒伯特留下的作品集。贝多芬马上被其中的作品吸引住了，细心吟味了一会儿，大声叫道："这里有神圣的闪光！这是谁做的？"友人告诉了他舒伯特的名字，贝多芬对其大加赞赏。贝多芬弥留之际，托人把舒伯特召至床前说："我的灵魂是属于舒伯特的！"

贝多芬死后，舒伯特终日郁闷。第二年，他也告别了人世。临终的时候，他向亲友倾诉遗愿："请将我葬在贝多芬的旁边！"

后人对他们之间的友谊给予了最美好的赞誉，并为他们竖起了并立的铜像，至今该铜像仍屹立于维也纳广场上。可见，真正的友情并不依靠事业、祸福和身份，不依靠经历、地位和处境，它在本性上拒绝功利、拒绝归属、拒绝契约，它是独立人格之间的互相呼应和确认。所谓"知己"，就是彼此心灵相通的人。

"知己"之间的交往并不局限于同时代、同年龄段的人，虽然这些人相对来讲更加与你接近。但是有时，一旦与"前辈"或"晚辈"成为"忘年交"，这段友谊就会发出耀眼的光芒。

罗曼·罗兰23岁时在罗马同70岁的梅森堡夫人相识，后来梅森堡在她的一本书中对这段忘年交做了深情的描述："要知道，在垂暮之年，最大的满足莫过于在青年心灵中发现和你一样向理想、向更高目标的突进，对低级庸俗趣味的蔑视……多亏这位青年的来临，两年来我同他进行最高水平的精神交流，通过这样不断的激励，我又获得了思想的青春和对一切美好事物的强烈兴趣……"

只有心灵的高度契合才能让人产生如此强烈的心灵震撼,仿佛与"知己"的交往,能够使人焕发出对于青春和生命的极大热忱。在这样的"灵魂之交"中,一切外在的形式,如年龄、身份、经历、成就都显得十分渺小,甚至微不足道,这就是"知己"的力量。

"知己"对于我们的重要意义之一,就是把我们的精神生活提到日常事务的枯燥单调之上,赋予平凡的生活以意义,使得它具有一种精神的投射、温和的超越、趣味的升华。

有这样一则故事,它和电影史上的一部经典影片一起,打动过世间无数男女的心:

他初见她的时候,已经是36岁的中年男子;而她,还是一个23岁的女孩,瘦削的身材,性格矜持、内敛。他第一眼看见她,心就有一种微微的颤动。

他们都是演员。那是他们第一次合作,分别饰演戏中的男女主角。那时,他已是好莱坞的大牌明星了,是人们心中的偶像。而她,还是个"名不见经传"的小人物。用现在的话说,她还是第一次"触电"。因为这部戏,他们两人天天聚在一起。她在他的面前,有时候喜笑颜开,显得温顺娇小,而有时候又是那么的冰冷孤傲,拒人于千里之外,仿佛没有谁能够走进她那敏感而脆弱的内心世界。在那次合作里,他忽然发觉自己已经分不清戏里戏外了。

那是一次成功而经典的合作。在拍戏之余,他们常常在黄昏时分,沿着附近的一条静静的小河散步。一轮明月升上来了,它含笑看着树荫下那两个并肩而行的年轻人,清澈而明净的河水,也一天又一天悄悄偷听着他们的话语,被那真挚而纯净的心声打动得发出潺潺的声响。

那时候，他的第一次婚姻已走到了尽头。他多么渴望得到她的爱情啊！然而，从小受到父母离异伤害的她，对离了婚的他感到害怕，因而远远地离开了他，有情人终没能成为眷属。

1954年9月，当她结婚的时候，他千里迢迢地赶来，参加了她的婚礼。其实，她的丈夫，也是他后来给她介绍的，那是他的一位好朋友。他送给她的结婚礼物是一枚蝴蝶胸针。

后来的某一天，63岁的她在睡梦中"飞"走了。而他来了，他来看她最后一眼，他心中那个永远娇小迷人，眼睛里总是盛满了忧伤的女孩。

又是10年的光阴匆匆流过，他得知要在著名的苏富比拍卖行义卖她生前的衣物、首饰的消息。87岁高龄的他拄着拐杖，颤巍巍地前去买回了那枚陪伴了她近40年的胸针——那一年他送给她的"蝴蝶胸针"。现在，它温暖着他的胸膛。

终于有一天，他也闭上了眼睛。相信在他进入"天国"的时候，他也同时看见了他的"天使"——他们第一次合作的那部电影叫《罗马假日》，她是电影史上永远让人魂牵梦萦的"公主"奥黛丽·赫本。而他，就是被誉为"世界绅士"的格里高利·派克。他们超越爱情之上的纯洁友情永远让这个世界为之唏嘘动容。

"知己"之谊，因为超越而变得崇高和圣洁，也因为圣洁和崇高而更增添了分量。

这正应了一句古话："人生得一知己足矣。""知己"不仅能驱除痛苦还能带来快乐。

王羲之的《兰亭集序》中有几句关于闲谈的话："悟言一室之内""放浪形骸之外""曾不知老之将至"，真是道出了知己相聚、随意闲谈之乐。对此话极为欣赏的钱伯城先生便写了一篇文章，题为

《聊天乃人生一乐》。文中写道:朋友相聚,乐在聊天,若相对无言,就乐不起来了。我所喜欢的,清茶一杯,二三其人,互无戒心,话题不着边际,议论全无拘束,何妨东拉西扯,亦可南辕北辙。乘兴而来,尽兴即散。

有这样的"知己",达到这样一种人生境界,那"孤独"二字便可在人生的"字典"里消失得无影无踪了。

深度修炼"朋友圈",简单,更简单

有人说,"人脉"是设计出来的,从完善自己的内心世界、强大自身能量,到与他人接触过程中占据主动性,在该"进攻"的时候"进攻",该"防御"的时候"防御",每一步都需要训练!

第一步:画出自己的"人脉网络图"。

要想扩充自己的人脉,并非是一朝一夕之事,所谓"谋定而后动",必须先有一个总体规划,从宏观上审视自己的"人脉网络",以此做到把握全局、成竹在胸。

将自己周围的人际关系一"网"打尽、一"图"囊括,能够让你了解你的"人脉"现状,分析"人脉"前景,以此规划"人脉"拓展的方向,对于将来如何进一步行动做到心中有数。

"人脉网络图",并不一定是真正的"图",也可能是表格,也可能就是一堆记录,一个电话簿、名片夹。形式可以多样,但它们都应该有这样的功效:清楚展现自己现在的"人脉"状况! 至少能够回答:认识了多少人,都是些什么人?

首先，对自己的"人脉"进行归类。既有"人情关系"，也有"人际关系"，所以将"人脉"的第一层分类就依此划分，"人情关系"为一类，"人际关系"为一类。不过，这两种属性并非截然不同的，在很多人的身上都兼而有之，所以你可以按照自己当时的期望进行分类。凡期望积累感情的，无论是亲戚、同学、朋友，还是客户、同事，都可以算作"人情"关系一类；凡是近期之内和自身的工作有较强的相关性，可能对自己的事业发展有利的关系，就把它放在"人际关系"一类。需要注意的是，不同时候，同一个人也可能在不同的类别里。接下来，做第二层分类，这要按照认识的来源来分类。同学一类，亲戚一类，工作后的朋友一类，客户一类，等等。这样下来，从源头理起直到各个分支，脉络分明、一目了然，可以清晰地梳理各种"人脉"关系，明确每个"节点"对应"人脉"在"网络"中的位置。使用"电子表格"进行这项工作，管理起来非常方便，无论是增删添减还是修改资料都很容易，所以首推这种方式。

然后，按照分类，把自己能够想起来的人一个个地"对号入座"。这可不是简单地写上名字就行了，还应该记录对方的基本信息，例如工作、职位、联系方式，可能的话还包括比较私人化的信息，例如家庭、婚姻状况，是否有老人和孩子，事业的发展前景，兴趣特长在哪方面，他们的"人脉"如何，等等。越是重要的人，其信息越是要详细，以便于之后做针对性的处理。为了表格形式上的简洁，每个名字应当做成"超链接"，一"点击"就可以看到其信息介绍。

掌握这些信息，除了正面的了解之外，还要注意侧面的探寻，如同中医疗法里的"望、闻、问、切"，灵活选择方式，综合运用，尽量全面地了解每一个你结识的人。这是个不断积累的过程，不必急于一时，免得让对方感觉你为人太过功利。只要有心，就能逐步地建立起自己的"人脉数据库"。

　　最后,对信息进行汇总,不断更新。每隔一段时间,就应该审查一下自己的"人脉网络图"。比如,你认识的朋友有多少人?哪些是你熟识的人?哪些人很久没有往来了?哪些人是新结识不久的?统计这些数字,让自己心中有"数",再前后比较一下,就能看出自己现在"人脉"方面的总体状况如何,发现问题所在,据此指导并修正自己下一步的行动。还有临时性的需要跨类别的汇总工作,例如,按照自己近期的"人脉"需求汇总,哪些人对自己有直接的帮助,哪些能够提供意见指导。这种临时性的汇总往往能够让自己真正从"人脉"中收到实效。另外,及时地更新资料是必要的。现代社会日新月异,节奏很快,个人的发展也是如此,往往"士别三日,当刮目相看",所以要不断地追踪"人脉网"中每个人的新状况。毋庸讳言,有需要淘汰的,同时更有需要添加和丰富的,及时更新这些信息,据以调整自己的"人脉"拓展部署,才能让"人脉网络图"真正发挥其最大作用。

　　正是这"三步走"的方法,让你能迅速建立起自己的"人脉网络",当有闲暇时,你可以对照着你的"人脉网络图",看看哪位朋友久未联系,应当致电问候;每当你需要帮助的时候,也去看看它,就会发现原来"救星"离你是如此之近。这样会让你感到生活的充实,没有孤独,对未来充满信心。

　　第二步:"把自己丢进人堆里"——拥有高质量"人脉"的几大渠道。

　　"人脉"重要,高质量的"人脉"更重要,很多人看似"朋友满天下",平常聚在一起喝酒吃肉、一呼百应,可是真正遇到有事需要人帮忙时,却没有一个能帮上忙的。

　　为什么会这样? 因为你的"朋友圈"层次太低。

　　孙悟空初出道时,交游也很广,"天下的妖精"都是他的朋友,平常大家聚在一起逍遥快活，可是遇到他"大闹天宫"惹下大祸时，能帮他的人就不多了。为什么？因为，他的那些朋友也都是妖精，即使有些法力，也能量有限。等他开始保护唐僧去西天取经时就不一样了，因为有了前面在天庭任职的经历，认识了大大小小的神仙，这时候再遇到难题就直接上天去"找关系"了，即使遇到"六耳猕猴"、"大鹏金翅雕"这样的高手，也还有"如来"可以帮忙解决。

可见，高质量的"人脉"是做事成功的关键。

怎样才能结识那些高质量的"人脉"呢？有这么几个有效途径：

第一，进修培训。

现在有很多高级的商业培训班，比如一些大学举办的MBA进修班、管理咨询进修班、研究生进修班、外语培训班等等。有人会用很轻视的口气说，我本身已经是研究生毕业，在社会上摸爬滚打这么多年，才不会去参加那些无聊的培训班呢。错了，这些学校除了给你一些专业知识的培训外，它们更是结交成功人士的好地方。"英雄不问出处"，很多成功人士未必受过高等教育，当他们的人生到了一定的阶段，会觉得知识不够用，这时候他们需要"充电"，而这些培训班往往就是他们的首选。在这样的地方你虽然没有了学生时代的那份纯真，但是在这里你一样能交到真正的朋友，会对你以后的事业大有帮助。当然你要懂得去甄别，在"同学"中间找到真正适合你的发展的朋友。

第二，参加行业聚会。

每个行业都有些固定的行业聚会，这些行业的领军人物往往会出现在这种场合。如果你想要在自己的行业中大展拳脚，一定不要错过这些场合，它们可是你结交同行的最好地方。在这些地方，大家因为都是同行，有共同的话题。你可以在轻松的交谈中得到很多对自己有用的信息，结识更多的行业翘楚。在这里你要注意的是，虽然是聚会，人们也都是为了结交朋友来的，但是因为大家是同行，互相之间的竞争是免不了的，所以要尽量避开那些敏感话题，尽量不要打听和商业机密有关的事情，否则一不小心，会弄得别人处处提防你。

第三，参加"大人物"的生日招待会。

社会各界的精英、名流往往都会出现在这种场合，在这种地方如果你能结识到一些人，他们往往会成为你一生中真正的财富。只是"大人物"往往都比较难接近，你首先要选择好准备结交的对象，然后最好是找到合适的人把你引荐给对方，这样就会让你与他的见面显得不那么生硬，而且一般情况下，对方也很少会在有第三者介绍时拒绝和你交谈。要想进入这些场合，你还要进行必要的社交礼仪方面的培训，了解出席这种活动的规则和禁忌。另外，很多"大人物"都会有些不同于别人的习惯，你在接近他们之前，最好先作一些适当的了解，这样就能避免你们的交谈淡而无味。

第四，参与比较大的社会活动。

这些活动一般都是由一些固定的成功人士资助举办的，往往会有很多他们的朋友来捧场，你也可以在中间认识一些对你有帮助的人。这类活动往往是某一个重要人物的社交圈子的体现，在这种场合，你要学会找出中间最重要的人物。如果你能有机会接近他们，和他们建立某种联系，往往那里所有的人都会成为你的朋友。

除了这些地方，你还可以根据你的需要去有针对性地认识一些你需要认识的人，尽量打造好你的"人脉圈"，那时候，你就会像"孙悟空"一样，有什么事，乘着"筋斗云"就能找到帮助你的人了。

第三步：定期清理和优化你的"人脉"，保持你的"人脉圈"的质量。

一个高品质的"人脉圈"是什么样的呢？就是保证每个在"圈

子"中的人在关键时刻都能帮上你的忙,让"圈子"中的每个关系"节点"都保持有效性。关于这一点,可以用"二八"法则来加以阐述。通常当你真正发生财务危机时,80%的所谓朋友不但不会主动借钱给你,还会不接电话,甚至躲得远远的;大概还有20%的朋友,愿意给你正面的影响和帮助;但改变你命运的朋友,不会超过5%。

这样看来,你大可不必对"人脉圈"中所有的人都一视同仁,更不要把精力和信任放在"酒肉朋友"身上,而应该抽取80%的时间用在最重要、最牢靠、对人生有影响和帮助的20%的朋友身上,努力认识关键或重要的人。正如已故管理大师德鲁克所说的:"清理你的'人脉'就像清理你的衣柜一样,只有将不合适的衣服清理出衣柜,才能将更多得新衣服放进去。"同理,只有不断地认识那些能够改变或帮助你的人,才能构建高质量的"人脉资源库"。

因此,你需要做的就是,定期清理和优化你的"人脉圈"。如果你对你的"人脉"关系不闻不问,那么你的人际关系就可能恶化、流失甚至变质。"人脉圈"可以说就是一个"大染缸",它可以把你"染红",也可以把你"染绿",它可以是一个良性的环境,也可以是一个恶性的沼池。建立一个良好的"人脉圈",并定期对其清理和优化,在这样的"人脉关系网络"中成长,你一定会成长得无比健康;而如果你的"人脉关系网络"被"污染"了,恶习遍布,人人猜忌,互为祸害,那么你的一生就有可能为之所毁。

张晓和李霞相识多年,两人关系不能说近,也不能说远,但凡有两人都会参加的聚会,她们都会寒暄两句。有一次,她们两人都认识的一个朋友结婚,于是她们又碰面了。席间,张晓谈起她弟弟的事情,她弟弟毕业快一年了,至今都没有找到合适的工作,全家都非常着急。

听到张晓这样说，李霞不假思索、拍着胸脯说，这件事情包在她身上了。当着众人的面，张晓也不好多问什么，只得连连感谢李霞。过了几天，张晓带着弟弟亲自到李霞家道谢，并打听找工作的进展情况。不料李霞支支吾吾，口气也变了，说："何必那么心急呢，我回去跟人事部商量一下再说吧！毕竟招聘员工是人事部门的事。"

看到这种情景，张晓很生气，她拉着弟弟走出了李霞家。

实际上，当时李霞是想在众人面前炫耀一下自己的本事，在现实生活中，这种不负责任说话的人，是挺多的。因此，如果你的"圈子"中有这样的人，就要加以甄别，以免自己"上当"。

平时，不妨多想想：你和谁在一起的时间更多一点？跟谁在一起对你的成长更有利、更有帮助？你"人脉"中的这些成员对于你的人生和事业有什么样的作用？他们能够提供给你的信息是正面的还是负面的？你像现在这样同他们交往下去，一段时间以后，你是会有所进步，还是会停滞不前或者干脆倒退呢？

这些问题的答案，就是你要采取措施的依据。具体而言，你可以参照以下几个思路来清理和优化你的"人脉圈"：

首先，多花点时间和精力与合适的人交往，把不适合自己的人从自己的"人脉圈"名单中剔除。那么，哪些人是合适的人呢？这取决于你的目标和任务，也要看他们的本质和文化素质。凡是能使你的前行向着有利的方向发展的，便是适合你的人，对于这些人你要花费心思使他们留在你的"人脉"中；同时，多结交对你的发展有益的人，并努力保持和他们关系融洽。

其次，多结交那些比你更成功的人，与他们在一起你会受益匪浅。因为他们是成功者，来自他们的影响多是带领你靠近成功的，所以一定要善于与这类人交往，并与他们成为"知己"。要经常向他们请教，恳请成功的人帮助你制订利于你取得成功的计划。

最后，认识关键和重要的人物。当然，首先要开放你自己，从各种渠道入手，而不是仅仅局限于你经常接触的"圈子"，除非你本身已经是个很高端的人物了。

如此一来，你的"人脉网"将健康发展、良好发挥，在这些成功的思想和极具人生意义的行为规则指引下，你的各方面都会越来越成功。可以说，经营"人脉"是一门大学问，并不是喊几句口号、发几次誓就可以实现的；经营"人脉"，要有比较高的思想道德品质、心理素质、知识素质、能力素质甚至身体素质以及良好的沟通能力。

总之，只有不断地认识那些能够改变你或帮助你的人，才能构建高质量的"人脉圈"。

既然是"误会"，就要去解决

很多事情就是因为"不说"才容易产生"误会"，如果"误会"不及时澄清，就会越积越深，容易把矛盾激化，使之成为职场生涯的"杀手"。

"小误会"不解除，一不小心，就会让自己陷入更大的"误会"旋涡中。

古希腊有个寓言：驴和蝉是好朋友，蝉歌声好听。驴想学唱歌，但蝉不会教它，驴只能偷学。它注意到一个细节：蝉每天只喝露水充饥，也许只有这样才能唱歌。于是，驴每天也只以露水充饥，结果没几天,驴就饿死了。蝉失去了好朋友,痛苦不已。

故事中,蝉不会教驴唱歌,驴却以为蝉不肯教,这是个"小误会"。驴看见蝉只喝露水,就意味能唱好歌,这是一个"大误会"。蝉没有把"小误会"澄清,让"小误会"向"大误会"转化,"大误会"没有及时澄清,结果让"大误会"转化为悲剧。可见,别轻视"误会",有"误会"就应该及时澄清。

首先,"误会"是一种毒药。与同事有了"误会",就应该及时澄清。"小误会"是"慢性毒药",会破坏你与同事之间的友谊,损害你在他们心中的地位;"大误会"是"剧烈毒药",这是"小误会"转向"大误会"的必然结果,会"毒害"你的前途,影响你团队的业绩,这无疑是一种"事业自杀"。

娟子是某广告公司的策划师,收入相当可观,她的头脑非常敏捷,人缘也不错。可是,娟子这个人爱开玩笑,这样和同事产生"误会"就在所难免。

一天,公司一名美工阿紫在办公室里哭泣,原因是她失恋了。同事们都过去安慰她,好不容易才将她安抚下来。可是,娟子却对同事们说了一句玩笑话:"阿紫人长得这么漂亮, 离开她的男人要么就是没眼光,要么就是爱上了我!"

就是因为这句话,阿紫痛哭起来。因为就在前些日子,阿紫的男朋友总来她们公司,还跟娟子显得很"黏糊"。阿紫有些"吃醋",就跟她的男友闹了一场。娟子没有出面澄清,认为自己只要和阿紫的男友保持距离了,阿紫就不会再乱"吃醋"了。可今天娟子的一句话,却让原本的"小误会"转变为"大误会"。

阿紫以为男友离开她就是为了和娟子在一起, 她很生气。于是，她当场抖出娟子的隐私，原来，娟子总是背地里说身边同事的坏话。不久，这件事在公司里传开了，同事们都对娟子冷面相对。最后，阿紫离开了公司，娟子也无颜面对大家，只好辞掉了工作。她知道阿紫误会了自己，但现在说什么都为时已晚。

"误会"是种"毒药"，它一不小心就会成为一种"隐形的杀手"，杀人于无形，损人于无踪，害人于无影。所以，有了"误会"，就应该马上澄清，切忌放任"误会"发展，不要让"小误会"变成害人的"毒药"。"误会"及时解决，才能让你和他人相处融洽。

其次，"误会"也可变成一种"良药"。"良药苦口，利于病"。何谓"病"？"缺信"，乃病也。有时候，产生"误会"不是一件坏事，及时地澄清"误会"只会让你更有威信和地位，更能赢得别人的尊重。也许你与对方之间会产生一定的尴尬，但毕竟能挽回彼此的信任，这是"治疗"你与对方之间信任的"良药"。

古代，郑樵是个才华出众的人，但就是为人过于正直。康熙听说此人很有才学，想升他为高官，可郑樵一无考中，二无亲故，就怕这样升他为高官，朝中肯定有人不服气。一天，康熙刚在朝中提出这个想法，有几个大臣就慌忙阻挠。他们早有耳闻皇帝很喜欢此人，也在暗中考量此人的学识。

有人说："皇上，此人没有学识，并无文采。一日，我乘轿，就在其门口，摆出百两赏银，出了题文，却未见其出来应考。可见此人胸无点墨。"

也有人说："无才也罢，无品更令人恼。那日，我见他弃老妇人于河边而不顾。此人不孝，难为父母官。"

康熙颇为惊讶，感觉其中必有蹊跷。于是，他命人带郑樵前来，当朝询问自己心中的疑虑。郑樵义正词严地说："百两题文，我并非不会。"康熙令其当场念读，郑樵一念满堂喝彩。康熙不解："此等好文为何不去参选？"

郑樵说："我好文，但岂能为钱而作文？那日我身无银两乘船，只得留母，自己游河过去。为的是到河对岸上山采药，医治我母亲之病。"郑樵此话一出，众臣皆服。康熙甚为高兴，恩赐他为朝中高官。

郑樵的"误会"及时解除，不仅获得了满堂喝彩，还让他仕途如意。身在职场的人也一样，难免会和同事产生"误会"，只要及时澄清了，不仅不会让你失去什么，反而会得到对方的尊重。既然是"误会"，又有什么不好澄清的呢。即使会尴尬一下，但对尴尬一笑而过，没什么好丢脸的。

"误会"不管是"良药"还是"毒药"，只要你摆正心态，有了"误会"及时澄清，才不会让"小误会"向"大误会"转化，才不会让原本不必要的"误会"激化升级为不可调和的矛盾。"误会"不及时澄清，于己于人，都大为不利。有了"误会"时，何不微微一笑，及时将"误会"澄清呢？

第八章

你拼命追求的，
不是别人为你计划好的

我不需要别人对我负责

(现身说法：孙涛，男，33岁)

"主见"，其实是一种相信自己能力和自己选择的自信心理。一个人自己都不相信自己的时候，很容易被别人一句话打倒，害怕做出错误的判断和决定，所以选择让别人去决定。有时候，你之所以不相信自己的能力，是因为你太相信别人的能力。其实，只要你按自己的想法做了，不一定会比别人做得差。

我8岁时就开始拆家里的闹钟，家里的电器几乎都被我"研究"过。电风扇、电视机、插头坏了，也总是由我修理。高考时，我想报考电子专业，但我爸爸却认为电子专业将来不好就业，工作又很辛苦，希望我选报计算机等热门专业。为此，我和爸爸争吵了两天。我理解他的心情，毕竟我妈妈和他很早就离异了，他对我寄托了很大的希望，但是我实在对计算机没什么兴趣。

结果，高考时，我没发挥好，"名落孙山"。看到同学们奔向向往的大学，我羡慕不已。我想"复读"一年再好好考个大学，可家里的条件有限，父亲说："谁让你不好好读书，也就是这个命了！你也别太伤心，我会托人给你找个工作！"语气中有一些埋怨，也有些安慰。

通过多层关系，父亲为我找了一份自来水公司开票的工作。单位负责人说，他们需要的人，"勤快"比学历更重要，好好干，过几年还可以转为正式职工。

这个工作在我家那个小县城来说，已经很不错了。可是，这不是我的理想，我要读"自考"，而且要学自己感兴趣的电子专业。于是，我走亲访友，借了一大笔钱，跟随一个在北京大学读书的老乡来到了北京。

起初，每次假期我回来一次，父亲就骂我一次。"你这孩子主意太大了！不知天高地厚，将来没人能为你负责！"父亲愤愤地说。

"我不要别人负责！"我这样回答。我一边学习，一边找了份兼职的工作，大部分学费已经自己解决了。

后来，我顺利通过了自学考试的所有科目，现在已经是好几家公司的顾问。要是当初不是我"自作主张"地来北京，现在的我，可能还是一个自来水公司的普通职工，尽管工作稳定，但那并不是我想要的生活。

所以，我想告诉你们，自己的事情要敢于自己做决定。

可能你会说："我也想自己拿主意，有自己的主见，可是我真的很害怕选择失误，怕做错事，那样的话，还不如听别人的意见呢。"

当然，别人的意见能让你全方位、客观地认识问题，采纳他人建议也未尝不是一件好事。只不过，如果每次一遇到事情就依赖别人，自己主动放弃发言权和决策权，久而久之，你就会变成一个没有主见、任别人摆布自己命运的人。

很多人之所以没有主见，并不是因为他能力不够，而是因为他害怕承担失败的责任，做事患得患失。他们往往抱有这样的心理：

与其做了错误的决定后受人指责，还不如开始就"让贤"。可能有很多事你做得的确不如别人做得好，这没关系，只要你认真去做了，只要你今天做得比昨天做得好，就该为自己喝彩，为自己加油鼓掌。否则，你永远体会不到成功的喜悦。

其实，你的一生，除了自己，谁也不能为你负责。

你是一个独特的人，要扮演一个无人能替代的角色

你是一个独特的人，你会为这个世界做出有意义的贡献。每一个人都怀着一个目的来到世间，你来到这里是有原因的，你在这个世界上要扮演一个无人能替代的角色。你来这里所要做出的特殊贡献就是做你真正爱做的事。当你在做你真正爱做的事时，你就是在追随你的更高目标，你的生活就会充满越来越多的喜悦、丰裕和安宁。

找到你真正热爱的工作能让你轻易地创造财富，你的人生事业就是要你用自己的时间和能量来做你喜爱的事。当你在做你喜爱的事时，你就会感到充满活力、快乐和满足；你会散发出喜悦，并吸引来许多美好的事物。你可以依靠做你不喜欢的工作赚钱，但这需要你付出更多的努力。用你的时间和能量去做你不喜欢的事会减少你的财富能量；而喜爱你所做的事确实会更容易地带来财富能量。

想象有两个园丁在照料他们的植物。一个喜爱植物的园丁在必要时就会去除草、修剪、松土，他会看护这些植物，连最小的细节

都不放过。他会怀着爱心照料每一株植物，尽他所能地让它们能够茁壮成长、结出果实。而另一个园丁则怨恨这项工作，只有在不得不做的时候他才去照看它们，对它们漠不关心。虽然两个园丁都会有收获，但与那位不喜欢植物的"园丁"相比，喜欢植物的园丁种的植物当然会更美丽、更多产。除了得到报酬外，他也能感到种植植物是一种乐趣；而另一个园丁则会觉得，要想获得即使很少的收获也要付出辛苦的劳动。

你喜爱的活动包括：

(1)在做你真正适合的工作时运用技艺和才能。

这项工作可以有许多不同的形式，在你人生的一个时期内某一份工作是你真正爱做的事，而在其他时候则是别的事。例如，一个人的人生事业是激励他人，帮助他人发挥出最大的潜能。当他在做侍应生、打杂工、店员、仓库保管员时，他总是快乐地鼓励别人，帮助他们发现自己的力量。后来，他开始从事写作，写了许多励志书籍，鼓励人们尽自己所能快乐地生活。当他的书出版之后，他成为一个受欢迎的演讲者，在全国各地作励志演讲。虽然他的工作随着自己的成长而改变和发展，但他在自己所做的每一种工作中都发挥了他的最高技艺——激励他人。

当你在开创你的人生事业，感受到它带给你的生机和活力时，你就会重新认识到什么是你真正愿意做的。你会觉得生活有了更大的意义，你正在做出宝贵的贡献。你会拥有一个引人注目的愿景或目标。你会在自己生活的每一个方面都感觉更快乐。你的工作会让你更充分地表达你是谁，它会帮助你成长和发展。

(2)你可以在你所做的任何工作、在你扮演的任何角色中做出有意义的贡献。

你可以洒播善意，用你的内在光明"触及"你遇到的每一个人。

你不一定要有一份工作，甚至不一定要从事商业活动才能做你爱做的事。你可以通过社区活动或个人爱好来体现它们。你可以把养家糊口当作真正爱做的事，来帮助你的孩子的生命能量进入到更高的秩序中。当你的生活充满了有意义的活动，你就会散发出喜悦和爱，你就会对"丰裕"具有吸引力。

你可以拥有让自己感到满足和满意的工作。你可以在生活中的每一天都感受到活力，同时又赚到钱。你可以在一个对自己有帮助的环境中工作，你乐于与周围的人相处，做着你喜爱的事情。当你运用你的独特技艺时，你就能吸引来赚钱的机会，它们能让你充分地表达自我，会向你发出挑战，并激励你。当你做你喜爱的事情时，你就会影响你身边其他人的生活，甚至会给世界带来更多的光明。当你在做你喜爱的事情时，你就是在实现你来这世界所要完成的目的。

无论你喜欢做什么，都会以某种方式帮助到他人，因为当你在运用你的最高技艺时，你就会自然而然地为他人做出贡献，这就是"能量循环"之道。当你服务他人时，无论你在做什么，你都充分发挥了你的才能和技艺，你的工作和服务就会是别人需要的，而成功就会流向你。即使你在做自己喜欢的事情，并没有得到太多的金钱，你还是要相信自己的内心，追随你的更高目标，因为它会给你带来更多的财富能量。

(3)学会觉察自己所做的每一件事情，将你周围的能量带入更大的和谐、美丽和秩序中。

做你真正爱做的事会为你的觉悟和灵性的成长提供一个载体，因为当你喜欢你所做的事情时，你就会自然而然地专注并觉察你的活动。

通过关于理想生活的梦境或幻想，你的人生事业会向你显现。你也许梦想着自己能投身大自然、环球航行、写一本书、作曲、绘画、花时间训练一个体育项目、养家糊口或教授课程。你或许想要创业或为别人提供咨询。无论你的梦想是什么，你最深的渴望和梦想都来自于你的灵魂。你的灵魂不受你现在身份的限制，它能看见关于"你是谁"的更广大的画面，并知道你这一生可能实现什么。它通过给你有关理想生活的梦境来向你展现你的潜能和方向。不要把你的幻想当作是一厢情愿的想象而丢弃。要重视它们，把它们当作是来自你生命最深处的讯息——你能做什么，你能选择什么方向。

真正适合你做的事情也许不只是一份你现在可以找到的工作，它或许是一份你将要开创的工作。找到机会，感觉哪里有新的需要，并创造满足这些需要的形式，这都是你能掌控的。当这种机会抓住，你就会有一种越来越强烈的愿望，想要去从事新的工作，这份工作将赋予你和他人力量，它将带来挑战使你进一步成长，并给你机会把你周围的能量带入更高的秩序中去。

30岁以前，学会行业中必需的一切知识

当今社会流传着一句话："不学习就意味着被淘汰。"的确，在竞争日益激烈的今天，一份工作你不干，会有更多的人在排队等着干。如果你不能熟练掌握自己行业内的一切知识，那么到最后你所面临的结果只有一个，那就是"走人"。也就是说，只有我们在行业内成为不可替代的人物时，我们才会有"职业安全感"。

30岁之前,我们必须要熟练掌握本行业的知识。一个人起点的高低并不重要,重要的是懂得该如何打造自己的核心本领,让自己成为行业内的"领头羊"。也许我们的天资一般,也许我们的机遇不好,但这一切都不重要,只要你能够拥有强大的学习能力,就等于拥有了在当今社会的竞争力,你就会不断地突破自我,成为某一领域的最强者或创新者。

特别需要注意的是,时代是进步的,今天的知识并不一定能解决明天的问题,所以你需要保持与时代同节奏的发展。如果你停止了自己学习的脚步,那么你必然会被时代所淘汰。

沈建飞毕业于某名牌大学的计算机系,由于他成绩优异,很快就在一家自来水公司谋得了职位——首席信息主管。这是一个与公司中其他的最高层管理人职务相对应而权力较小的职位。

在自来水公司,沈建飞过上了一段安逸的日子。那时,计算机的应用并不深入,沈建飞所负责的事情除了简单的监测系统和效率低下的数据库之外,也就是维护电脑和网络。

沈建飞是他们公司计算机水平最高的人,公司常有一些人请沈建飞帮忙"攒机"或维护电脑。沈建飞很热心,他每次都有求必应,所以他的"人缘"很好,经常被同事"拉出去"喝酒。本来,沈建飞也有看书、学习的习惯,他知道计算机技术更新太快,不学习很快就会被淘汰。但是后来,由于他的朋友多了,应酬也就多了,看书的时间自然就少了,并逐渐被应酬完全替代了。再加上沈建飞那时的工作没有压力,他在学校学习的知识应付当时的工作绰绰有余。所以,他也就没太在意学习的事。

转眼几年过去了,前任老总退休了,新老总年轻有为,仅用了一年时间就实施了包括生产运行系统、供水服务系统、管网遥测系统、生产制水系统、水质检测系统、行政办公系统在内的网络建设。

在这些项目开展之初,沈建飞仍然是公司的信息主管,可是后来老总觉得沈建飞的表现让人大失所望,有一些新的技术他不是太懂,而在新招聘进公司的技术骨干中,有比沈建飞能力更强的人。没过多久,沈建飞名片上的头衔便由"信息主管"变成了"信息主管助理"。想到自己现在已经被别人替代了,沈建飞后悔万分:如果当初能够把自己的优势再扩大,那么现在自己的事业就是另外一种情况了。

时代是在不断发展着的,如果不能熟练掌握本行业的知识,那么你迟早会被时代所淘汰。要知道,你的学历只能证明你的过去,只有那些不间断学习的人,才会成为时代不可缺少的人才。

那么,我们该如何掌握行业中必要的一切知识呢?简单地说,可以通过以下几点来实现:

第一,抓住各种学习的机会。当学习机会存在的时候,千万不要犹豫,一定要赶快迈出第一步。珍惜学习机会会使人的心灵变得更加富有。

第二,熟悉多元的学习方式。如果平时工作量很大,有时还要占用业余时间完成工作,那最好选择利用周末和一段相对集中的时间参加学习,很多高校都有在职人员进修班。如果你的工作时间较为稳定,业余时间充裕,那么建议你选择利用平时的晚上和周末上进修班。这样既不影响日常的工作,也不会因参加学习而造成更大的压力。

第三,养成终身学习的习惯。当学习成为一种习惯,而不是被迫的行为,才能激发我们更大的热情和激情。

学习是一种态度,持续学习更是人们的一种执着精神的表现。

未来的职场竞争将不再是知识与专业技能的竞争，而是学习能力的竞争。一个人如果善于学习并且乐于不断学习，那么，他的前途将不可限量，他的地位也永远不会被别人替代。

制订合理的"充电"计划

有人这样形容自己的培训感想："听听激动，想想冲动，回去一动不动。"

在如今的职场上，"充电"已经变得越来越重要。的确，面对激烈的人才竞争，我们要学会学习，不断地进行自我增值，否则就会如同耗损的电池一样失去了自我的价值。特别是对于刚刚迈入职场的年轻人来说，要想在职场中闯出自己的天地，那么"能力"将是主要的"进攻武器"。

可是当人们都认识到了"充电"的重要性时，新的问题又出现了：很多人在"充电"的过程中"乱充电"、"充错电"，这样一来，轻者浪费了自己的时间成本、金钱成本和精力成本，重者则让自己的职业生涯陷入窘境。

毕业于名牌大学的孟蕾在大学毕业后顺利地成为一家"世界500强"公司的职员，她在公司中负责技术支持的工作。几年下来，她的职业发展得风生水起，成为公司的重点培养对象。但孟蕾并不满足，她还想给自己"充充电"，获得更好的前途。于是在大家惊讶的目光中，她毅然选择了离职，去加拿大进修MBA金融学的课程。

为了申请到"offer"（"录取通知"），孟蕾付出了很大的代价，她不仅放弃了自己很有前途的工作，而且还拿出了自己和家人多年的积蓄。出国后，事情并没有孟蕾想象得那么顺利，为了支付昂贵的学费和生活费用，她每天除了啃书本，就是到处打工。可是，尽管最后她拿到了学位，却无法在加拿大找到一份合适的工作，因为加拿大并不缺乏金融人才，何况像孟蕾这种没有相关工作经验的异国人士。

无奈之下，孟蕾只好选择了回国。刚回国时，孟蕾心想，凭着自己"海归"的身份、过硬的文凭和语言技能，在上海这个中国的金融中心，寻找一份合适的工作应该没有什么难度。但现实再次击溃了她。她应聘了几家外资银行，结果在初次面试后就被淘汰了。原来，尽管她的语言和学历都过硬，但她的致命缺点就是没有任何金融行业的工作背景，而银行更加需要的是具有丰富实践经验的人才。

眼看进入金融界无望，孟蕾想重回自己的"老本行"，结果发现，已经过去了4年的时间，对于一个从事技术行当的人来说，几乎意味着一切都要从头开始。

就这样，投入了如此多的时间、精力、金钱，孟蕾的职业发展却遭遇到了重重阻碍。一次失败的"充电"给她造成了巨大的影响。

这并不是一例特殊现象，而是普遍现象。尽管相对于孟蕾的"大动干戈"来说，很多人只是选择考一个职业资格证书、进修语言来给自己"充电"，但即使这样的培训也是盲目的选择偏多。

那么，我们如何在有效的时间里制订合理的"充电"计划，使"充电"的效能达到"最大化"的同时还不耽误工作，为个人成长和职业发展推波助澜呢？

首先，"充电"的定位要准确。职场"充电"定位不可盲目。在选择"充电"时，首先要认真分析一下自己所在的领域对人才有什么标准和要求，诸如学历、工作经验、专业背景等，然后按市场要求调整自己的"充电"方向和方式。此外，"充电"一定要选择能使自身价值得到提升的专业或项目，千万不要仅仅为了一张文凭而去学习。

其次，"充电"的目标要明确。很多职场人在选择"充电"的时候都存在这样的想法，就是"多一个证书没坏处"。因此，市场上流行什么，什么证书"最吃香"，他就学什么，结果取得了很多证书，似乎什么都能干，竞争力增强了，其实不然。这样的"充电"对个人来说不仅是金钱和时间上的浪费，更关键的是很容易把自己的职业观念引入歧途。首先，有一大堆不成体系的证书之后，就会觉得自己经是一个"通才"了，什么都能做，但到底自己最擅长什么，最适合做哪一行呢？他们还是不清楚，还是会很迷茫。

最后，"充电"的时机要明确。"充电"的方向是对的，可是却在一个错误的时间来进行，结果事倍功半。这也是职场人常常会犯的毛病。合适的"充电"，选择在不合适的时机，也是一个误区，不仅增加了投资成本，还浪费了时间，本来这段宝贵的时间可以用在"刀刃"上的。这里的"时间节点"，主要指的是一个人职业发展的特定时间阶段。在不同的阶段，根据自己职业发展的状况、专业水平、工作能力以及今后一段时间职业发展目标，来选择恰当的培训，这才是上策。

我只期待最美好的事情发生，而它真的发生了

"我只期待最美好的事情发生，而它真的发生了。"——相信你有能力创造出自己想要的事物，并知道你值得拥有它，且能以许多方式展现。

举个例子，假设你想要一个"新家"，但你认为自己没有足够的钱。但与其放弃，不如就好像"钱已足够"那样采取行动。开始想象你理想中的家或公寓，然后去看房，就好像你有钱买房一样。然后，一遍又一遍对自己描绘你"完美的家"。尽管你一开始并没有买房的钱，但你想要"新家"的意愿会创造出任何可能的改变。当你的意愿强大起来，你就会开始吸引某些人和事。你的能量就会被这个意念牵引着强大起来。最终，你会吸引来各种机会。而如果你不清楚自己的意愿，不采取实现它的行动，这样的机会就不可能出现。

有个女孩想找个市区的住所，她一个月用于租房的钱最多只有300元，但是在市区内，即使是一间和别人合租的小房间，月租金也不低于500元，而且她还养了一只猫。她的朋友们都不相信她能找到这么一个地方，然而，她没有理睬这些。她渴望在两个星期内找到住处，所以开始在心中清晰地描绘她想要的房子。她不断地告诉自己，这很容易做到。她开始想象那个"理想中的公寓"的样子，并吸引它前来。

有一天，她感到有一股想出去散步的冲动，出门后她遇到了一

个女人，这个女人正坐在一座房子的台阶上。不知出于什么原因，她想要告诉这个女人自己正在找一个住的地方。结果，这个女人竟然就是这所房子的房东，房子里有一个单间，正好符合她的要求。房东并不想靠出租公寓来赚钱，因为不喜欢以前的租户，所以决定除非有合适的租户，否则就不再出租(该公寓已经空了两年了)。她们很合得来，这个女人同意让她搬进来，她可以养她的猫，月租金正好是300元。

所以说，"信任"是意念世界和物质世界之间的"纽带"，它保证一个想法从产生到彰显之间的不间断性。要认识到，你的梦想在意识层面已经"成真"了；它们只是在等待显现在你的物质世界中的最佳时机。

(1)当自己走对了路，"门"就会打开，"巧合"就会发生。

当你没有走对路，或没有在追求你更高的目的，你就会感到寸步难行、诸事不顺。当你在追随属于你的道路时，你的能量就会流动，你的生活通常会过得很安逸。当然，这并不意味着你不会遇到任何障碍。你的挑战是，要认清这样的障碍是意味着你要重新审视自己的道路从而寻找新的道路，还是为了帮助你培养毅力和耐心等品质。答案并不容易找到，要知道，什么时候该向前冲、什么时候该另寻出路，这来自于经验和自我觉知。

要想分辨障碍只是你成长的一部分，还是在告诉你要另择他路，有一个方法，就是审视自己想要成就什么。如果你的目标让你感到愉快，或克服障碍会让你有一种喜悦感，并且你知道这样做会给你带来自己想要的事物，那么克服这样的障碍就是适当的。有些人喜欢迎接挑战，因为当他们真的得到了自己想要的事物时，超越这些障碍会增强他们的成就感。

小文想找一套新公寓,因为住在她楼上的人非常吵闹,她找了三个星期却毫无结果。她一直坚信完美的家就在她现在生活中,她不断克服所有障碍,尽管所有迹象似乎表明采取其他行动可能会更合适。几个星期之后,小文楼上的邻居意外地搬走了,新搬来的人非常安静。她根本不必搬家了。同时,小文也认识到,每一次寻找新公寓的尝试都受到阻碍,去寻找新的住处对她来说是一件痛苦的事。她明白,除了噪音之外,自己依然喜爱现在的家,并不是真的想搬走。

如果你一直专注于自己想要的事物,当时机合适时就要采取行动,障碍很可能会自行消失。如果克服障碍就像是一种痛苦的挣扎,这很可能是在告诉你,还有更好的方法可以达成目标。你视之为障碍的这些环境常常会把你引向另一个方向,结果那是一条更好的道路。障碍也会是为了保护你,防止你过早采取行动,或者让你注意可能被你忽略了的东西。在你迈出下一步之前,它们也给你机会去处理所有需要处理的问题。

(2)坐在那里相信是不够的,要采取行动来展现你的信任。

因为你生活在一个有形的物质世界里,所以你要想拥有自己想要的事物,就要采取行动。通过将你的观念付诸行动、获得回馈、看到结果来培养你的信任。每当你愿意冒险,你就增强了信任自己的能力。

如果我有"一个亿"，我能干什么

我们每个人都希望自己是富有的，可真正致富的人却少之又少。"给你一个亿，你能干什么？"这句话常常能把人问得张口结舌、哑口无言，让人一时间无言以对。有不少人平时口口声声地说，要是有足够的钱，我就能如何如何，但是真的在他们面前放上"一个亿"，真正能合理利用这些钱的人却少之又少。如果你不相信，不妨用这句话来问问自己："我有一个亿，我能干什么？"

在加拿大蒙特利尔市有一条很著名的街道叫圣劳伦斯街。在这条街上，有一家同样著名的熏肉店。这家熏肉店在当地既不占先机，也不是主流，但它却开得很有特色，很有名气。它的名气甚至使它成为该城市的一个亮点，不仅当地的食客很多，外地来的客人也不少。很多旅游杂志甚至把它列为蒙特利尔市的一个重要景点，各地游客都涌到了这里，使这里每天都要出现排队候餐的盛况。

这家熏肉店其实就是另一种形式的快餐食品店。这里可供选择的主食也很简单，除了面包夹熏肉的三明治食品，还有烤牛排或牛肝，但最出名的当然还要数熏牛肉。这些东西的价格很便宜，也就是4加元至7加元左右，这在当地仅相当于一个汉堡包的价钱。此外，它既是"老外们"可以接受的主流食品，又与当今最流行的汉堡包风味迥然不同。

据说，这家店做熏肉非常拿手，堪称"蒙特利尔一绝"。店里做的熏肉都是选上等牛肉为原料,制作过程也相对复杂。他们要先将牛肉腌10天以上,然后再熏制10个小时。由于配料用的是祖传秘方,因此更增加了它的神秘色彩。所以,该店做出来的牛肉的确很香、很嫩,也很松软。

这家熏肉店在竞争激烈的饮食界傲然挺立,已传了三代,生意一直都很红火。

曾有人问店主,为什么不加开很多连锁店呢?老板笑着说:"我们祖祖辈辈都是擅长做熏肉而已,对于开连锁店,确实不太适合。"

如果你用心去观察那些成大事的人,他们几乎都有一个共同的特征,那就是不论才智高低,也不论他们从事哪一种行业、担任何种职务,他们都在做自己最擅长的事,他们都清楚自己该做什么。

1888年, 作为银行家的里凡·莫顿先生成为美国副总统的候选人,一时声名赫然。1893年夏天,美国一位部长詹姆斯·威尔逊先生到华盛顿拜访里凡·莫顿。

在谈话之中, 威尔逊偶然问起对方是怎样由一个布商变为银行家的。里凡·莫顿说:"那完全是因为爱默生的一句话。事情是这样的,当时我还在经营布料生意,业务状况比较平稳。但是,有一天,我偶然读到爱默生写的一本书,书中这样一句话映入了我的眼帘:'如果一个人拥有一种别人所需要的特长, 那么无论他在哪里都不会被埋没'。这句话给我留下了深刻的印象,使我改变了原来的目标。

"当时我做生意,与所有商人一样,难免要去银行贷些款项来周转。看到了爱默生的那句话后,我就仔细考虑了一下,觉得当时各行各业中最急需的就是银行业。人们的生活起居、生意买卖,处处都需要金钱。天下又不知有多少人为了金钱，要翻山越岭、吃尽苦头。

于是，我下决心抛开布行，开始创办银行。在稳当可靠的条件下，我尽量多地往外放款。一开始，我要去找贷款人，后来，许多贷款人都开始来找我了。"

一个人由于找错了职业以致不能充分发挥自己的才干，这实在是件可惜的事情。但是，只要他能够认识到这个问题，就算晚了一些，也仍然有"东山再起"的希望。只要你找到正确的方向，就完全有可能走上成功之路。到那时，你一定会感到自己的生活和思想都焕然一新。

据调查，有28%的人正是因为找到了自己最擅长的事业，才彻底掌握了自己的命运，并把自身优势发挥到淋漓尽致的程度。这些人也自然都跨越出"弱者"的门槛，从而迈进了"成大事者"之列。相反，有72%的人正是因为不知道自己的"对口职业"，而总是别别扭扭地做着自己不擅长的事，因此，不能脱颖而出，更谈不上"成大事"了。

在穿衣服的时候，如果我们把第一颗纽扣扣错了，那么下面的扣子肯定会跟着出错。同样，在人生中，如果我们前进的方向没有选对，那么不管我们多么勤奋和努力，最终的结果也不会如意。方向选错了，你付出的努力越多，那么你就越偏离你想要达到的方向。

有一个非常勤奋的青年，他很想在各个方面都超越别人。经过多年努力，仍然没有长进，他很苦恼，就向智者请教。

智者叫来三个弟子，嘱咐说："你们带这位施主到五里山，打一担他自己认为最满意的柴火。"年轻人和三个弟子沿着门前的江水直奔五里山。智者在门前等他们，首先回来的是那个年轻人，扛着两捆柴。智者让他在一边休息。一会儿，两个弟子用扁担各担四捆柴也回来了，另外一个小弟子最后回来，他从江面驶来一个木筏，上面载着八捆柴。年轻人见状请求说：我开始就砍了六捆，扛到半路，扛不动了，扔了两捆；又走了一会，还是压得喘不过气，又扔掉两捆；最后我就把这两捆扛回来了。可是大师，我已经很努力了。"我和他恰恰相反，"那个大弟子说，"刚开始，我俩各砍两捆，我和师弟轮换担柴觉得很轻松；最后，又把施主丢弃的柴挑了回来。"划木筏的小弟子说："我个子矮，力气小，别说两捆，就是一捆，这么远的路也挑不回来，所以，我选择走水路，自己打造了一个竹筏。"

智者用赞赏的目光看着弟子们，微微颔首，然后走到年轻人面前，拍着他的肩膀，语重心长地说："一个人要走自己的路，本身没有错，关键是怎样走；走自己的路，让别人说，也没有错，关键是走的路是否正确。年轻人，你要永远记住：选择比努力更重要，选错了方向再努力也是失败。"

通向成功的道路有千万条，但你要记住：所有的道路，都是你自己选择的结果。一步错，步步错，你有什么样的选择，也就决定了今后会拥有什么样的人生，你今天的现状是你几年前选择的结果。成功与失败的区别也就在于此，成功者选择了正确的方向，而失败者选择了错误的道路。

很多时候，我们总是在做一些无谓的努力，就好比我们想要寻找金矿，却妄图在海滩上挖掘，这样做的结果就是我们只能挖出一堆堆的沙土，而绝对不可能找到金子。因此，不要在不必要的地方付出你全部的精力，若要有所收获，必须选择正确的目标。有时候，不妨停下前进的脚步，看看自己努力的方向是否选择正确了。

如果把人的一生看作是一次旅行的话，那么我们首先要做的就是设立一个目的地。有了奋斗的目标，我们才可以没有负担地勇往直前。向着目标努力才不会"迷路"，否则做再多盲目的努力都是徒劳无用的，这正是那么多人容易迷失自我的原因。

美国著名的建筑设计大师赖特曾经向人们讲述了他小时候的一件事。那时候赖特刚满9岁。在那年的冬天，有一次赖特跟着他的叔叔去邻村办一件事情。在途中，他们经过了一块积雪覆盖的田地。

当他们两个人走过雪地后，赖特的叔叔突然把赖特拉住了。他让赖特回头看看他们留在雪地上的脚印。这时候，赖特发现，在田地上，自己的脚印歪歪扭扭，而旁边叔叔的脚印，却如离弦之箭的轨迹，从雪地一端笔直地延伸至另一端。

叔叔指着他们的脚印认真地对赖特说道："你看，一路上，你先从树篱边开始走，走着走着却不知怎么就拐到了牛棚的边上，又从牛棚的边上再折到了另一面的小林子里。在小林子里，你看见鸟儿，就不时地跑上去扔几团雪。现在你看看你自己留下的脚印，乱成一团，根本就看不出你是要去哪里。"这时候叔叔又指着他自己的脚印说："你看我的脚印，看上去清清楚楚，没有走一点弯路，直接通向我们想去的地方。孩子，记住，这是个重要的教训。"

很多年以后，赖特在提及这段小事对自己的影响时说："从那天起，我认识到，决不能为了一些琐事而错过生命中最重要的东西。要像我叔叔那样，一旦定下目标，就要一直朝着那个方向前进，决不能中途迷失。"

的确，没有什么比迷失方向更为糟糕的事了。因为没有一个具体的方向，人就会不知道何去何从。所以说，目标就是力量，奋斗才会成功。古今中外凡是在智能上有所发展、事业上有所成就的人，无不有着明确而坚定的目标。

有位哲人说："决心攀登高峰的人，总能找到道路。"当一个人下定决心之后，往往没什么能阻止他达到目标。强烈的动机可以驱使人超越诸多困境，"无须扬鞭自奋蹄"。人一旦有了成功的渴求，就会产生强烈的使命感与责任感，并为之拼搏，从而找到自我。因此，对于即将30岁的人来说，如果你还不能找到自己前进的方向，那么也许你这一生都会因此而衰败；而如果你有了前进的方向，那么在未来的道路上，你就能勇往直前，获得最终的胜利。

清华大学校长曾送给毕业生一段话："在未来的世界里，方向比努力重要。"的确，缺乏明确方向的人生是毫无希望的。当你有了一个明确的方向时，你会发现你的头脑如此清晰、明确。

新事物的来临需要时间，而你却放弃得太快

当你在等待某样事物来临时，要坚定自己的信心，培养自己的勇气，并学会根据你得到的内在指引采取步骤和行动。

(1)事情在适当的时候出现也很重要，最好是你为它们的到来已做好了准备。

如果你想要的事物来得太早，当时的情形可能还不适合"开花结果"；如果它来得太晚，它全面发展所需的一些机会可能已经错

过了。就像是一颗决定在寒冬发芽的种子，对于这棵植物来说时间还太早，此时发芽，幼苗也许还不够强壮，无法生存。如果种子等到夏末才发芽，可能在秋冬来临之前它已没有完全生长的时间。选择时机非常重要，并且会给你带来很多惊喜。

回想一样你以前想要却没得到的东西，你很可能会认识到，它在当时对你并无帮助。如果你想要创造的一些事物在不适当的时间或以错误的形式被创造出来，可能它们就会阻碍你。然后你就需要摆脱它们，摆脱它们所需花费的时间和能量会让你不再专注于你所走的道路。

培养信心非常重要。时刻想着你的目标，不断努力向它迈进，而不是期望它即刻就有结果。你不一定总能知晓自己的内在指引正在将你引领向何方，你可能觉得根据指引而采取的一些行动不会给你带来你所期望的结果。

要相信你的内在讯息正在指引你实现你的目标，即使你此刻并不知道如何实现。

要相信，如果你所要求的事物有益于你实现更高的人生目的，你就会得到它，并且已经发生的一切正在帮助它来临。不要用暂时得到多少金钱来衡量努力的结果，而是要看到你是多么喜爱自己正在做的事，你的行动会赋予你更多的人生价值。当你继续追随自己的内在指引，并做自己觉得有意义的事时，你就会实现自己的梦想。

要相信，你正处于得到你所要求的事物的过程中，或者你可能已经得到了它的本质。你所吸引来的事物都是为了教你解决某些问题，并帮助你获得更多活力和成长。你并不总是需要物质结果才能做到这些。

如果你还没有得到你正在吸引的事物，那就再次查看你想要

的事物的本质,并看看你是否已经以某种方式得到它了。回顾你想
创造它的真正目的,并检查这个目的是否已经以其他方式实现了。

(2)当你想要给予或接受爱和奇迹时,你唯一要做的就是拥有
这样做的意愿。

回想你曾为他人创造的一个奇迹——也许你送给某个人一
份礼物,这份礼物对他或她来说不仅很有价值而且正是他或她需
要的。

回忆你对这个人爱的感觉——奇迹来自于你心中的爱,奇迹
也把爱带给你。那个人一定很愿意接受你的礼物,这样爱的能量才
得以完成。如果他或她无法接受,那么奇迹就不会发生。

当你想要给予或接受爱和奇迹时, 你唯一要做的就是拥有这
样做的意愿。去寻求最高最大的愿景,用愿景和爱去提升你的人生
价值,聚集你的零散能量。

如果你想要什么,那就要求你的灵魂向你展现爱与信心。

有时候,你的心灵就站在通往奇迹的路上。你的心灵很擅长列
计划、制定目标和将事物视觉化等事,在你吸引了某样事物之后,
为了加快过程和创造奇迹,你就要敞开心怀。相信你自己,热爱他
人,并且每天都用行动来展现你的爱。

尽你所能地去爱别人。待人亲切善良,说出爱的话语,宽容不
尊重你的人,对别人抱着爱的想法,用你的言行来表达你对他们的
尊敬。不要评判或批评,相反,每时每刻都寻找爱的机会。要记住,
当你周围的人满怀爱心时,你爱别人就很容易;当你周围的人缺乏
爱,你是否能依然爱他们,这就是你的挑战。当你怀着爱和同情心
对待他人,你就会吸引来机会、金钱、更多的人、奇迹,甚至更多的
爱。爱将你置于更高的流动之中,并为你吸引来美好的事物。当你
在新的领域中敞开心怀时, 你对美好的事物和丰裕就会具有更多

的吸引力。

奇迹会出乎意料地发生，带给你超乎想象的事物。当你不再执着于外在的某些事物并信任你的内在指引时，它们通常就会随之发生。奇迹常常因你生命最深处发出求救的呼唤而来临。危机常常会创造奇迹，因为它呼唤你灵魂的最深部分进入意识。你的灵魂总是在照看你，给予你爱和指引。

当你静下心来，进入内在，你就会从你内在的最深处获得答案。当你进入内在，奇迹就会发生。

生命本身就是最伟大的奇迹。你就是奇迹，你可以创造出你想要的任何事物，这是另一个伟大的奇迹。对于你所能拥有的，你并没有障碍，也没有限制。唯一的限制就是你能为自己描绘什么，你能为自己要求什么，你相信自己能拥有什么。

第九章

你这么优秀，
一定走了很多"孤独"的路

忍受"孤独"，不如享受"孤独"

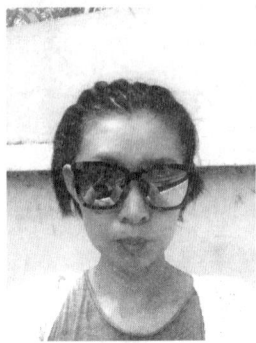

(现身说法：安欣，女，30岁)

  自从社交网络兴起，智能手机普及后，我们留给自己的时刻变得越来越少。手机"一刷"，便是整个世界的信息爆炸在眼前，按一次转发，我们就成了这世界信息的一处驿站。千里之隔的亲朋，有网络就能视频聊天，独居一隅也不再是什么孤僻的事情了。"孤独"变成一种稀少的感受了。

  每个人都有自己的活法，谁都愿意在自我的价值观体系中求得圆满。有人觉得活出情趣才有意思，有人觉得坐拥钱权才有意义，彼此去说服对方与彼此笑话对方一样没有意义。走自己的路，穿自己的鞋，让别人去说吧。与其在别人那里纠缠不清，不如在自己这里深怀耐心。每一个脚印的骄傲与屈辱、从容与挣扎，只有自己知道。

  人若想走得很远，就要与志同道合的人结伴前行。但，真正的远方，一定是一个人走出来的。所有在顶峰的人，都是"孤独"的。而所有最终在顶峰上坚持下来的人，都在享受那份"孤独"。

  生活中，不必把客套的话当真。

  客套，究其本质，更多是一种温暖的逢场作戏。戏散后，你得及时回到现实中来。尽管"客套话"比"空话"实、比"假话"真，但终究大多是"废话"。人散后，只需"走人"，无须"走心"。

因为，说过的话，即刻已成烟云。

人在客套中，会有一些世故和圆滑，但心底整体是向善的。偌大尘世，如果连这点客套都没有了，世态才真的是炎凉了。当然了，真心对你的人，不跟你客套。客套，说明彼此还有距离。这段距离恰好说明了：这个世界没有无缘无故的好，只有不咸不淡的关怀。

在客套里认真，显得天真。同样，客套到随便，又显得不够庄重。说到底，客套是一种礼貌，它看起来推心置腹，你听起来还得郑重其事。这种事，说破了没意思，较真就更没意思了。

你需懂得，亦庄亦谐，亦收亦放，也是一种很好的生活态度。

看过朱天文的一次演讲，她说我们一直在感受，却不曾去感受"那一种感受"：

有一次我回乡下老家，饭后自己在田间散步，走到土地庙边，身旁是大榕树，环绕在一片碧绿的稻田里，整个村庄，都沉浸在午睡的安静里，唯一的声源来自脚下的沟渠，那里正好有一个小水闸，水流在那里突然奔腾起来。我坐在石椅上看，发现每一次激起的水浪都有着同样的节奏却又没有一次完全相同，总有一些细微的差别，这一阵高些，那一阵会激起水花，真的像有生命在浩浩荡荡地赶去一个地方，难怪诗里、歌里总会矫情地问"风去哪里水去哪里"。

我在那观察水花，观察了半个小时，虽然并没有观察出对世界有任何意义的事来，但那半小时的发呆却让我第一次去感受到自己的感受，开心是一种感受，如何去感受开心；难过是一种感受，又如何去感受难过，那是需要独自的真空状态的。而这种技能的掌握，对我的生活是有作用的。

是的，去享受"孤独"。"孤独"成就着人生，也圆满着人生。

读书，是一个"孤独"在等待另一个"孤独"

从个人经历来看，认为读书无用的人主要是缘于以下几个原因：

感觉工作中所需要的一些实际的素质和能力不能靠读书来获取；

看见社会中一些文化不高的人"混得"比学历高的人更好；

掌握社会权力和金钱的人并不都是书读得多的人，甚至有时恰恰相反；

自己又不搞科研或当科学家，读书有什么用；

……

但是在我看来，这些原因都太"实际"了。读书对人的影响是长远的，是隐性的。正如诗中所说，"腹有诗书气自华""书到用时方恨少"，短期内没看到读书的作用，就认为读书无用，那你是不是太功利了呢？

在现代社会，人们都会说"读书是为了增长知识，因为知识是最强大的武器"。但事实上，很多人读书急功近利的思想很严重，学生当然因为教育制度的原因在这方面是表现最明显的，读书就是为了应付考试，考个好成绩；有的职场中人也有这样的想法，为了考个资格证书，那就突击某项专业知识，可是等资格证书拿到手，那些专业知识早就忘得一干二净了。这也是在很多人身上出现的现象，就是很多人读书没有一个长远的计划或者目标，总是抱着应付差事的态度，现在需要了就读一读书，不需要了就搁置一边。这样的结果是，他们并没有真正体会到读书的美妙之处，反而应付差事的印象更加深刻了。

那么，读书究竟有什么美妙之处呢？温家宝总理在一次和网民互动的时候说："我非常希望提倡全民读书，我愿意看到人们在坐地铁的时候能够手里拿上一本书。因为我一直认为，知识不仅给人力量，还给人安全，给人幸福。"如果把那些为了拿文凭、提升自己职业素质的阅读，我们称之为"有用"的阅读，那么那些为了生命、为了塑造完美的人格、追求高深的修养的阅读看起来就是"无用"的阅读了。而温总理所说的知识带给人们的安全和幸福则正是这些"无用"的阅读带来的。它让人们的眼界辽阔了，心灵沉静了，让人们面对世间的纷纷扰扰时变得豁达、大度、乐观了。

其实，在古代，在那个科举考试垄断教育，只有读书、考取功名才能出人头地、光宗耀祖的时代，人们更有理由急功近利，更有理由将有用的阅读进行到底。但事实上并非如此。先秦的孔子、孟子、墨子的观点，认为读书是为了提高品德情操，增长知识才干，使自己成为"贤人"、"君子"乃至"圣人"；宋朝朱熹的学说，主张读书要"明天理"。从孔子到朱熹，都反对人为消遣和利禄名誉而读书。

在曾国藩的身上，我们不止看到这一点，他主张治学的目的应在于"修身、齐家、治国、平天下"，或叫作"进德"与"修业"。在给弟弟们的信中，曾国藩说："吾辈读书，只有两事：一者进德之事，讲求乎诚正修齐之道，以图无忝所生；一者修业之事，操习乎记诵词章之述，以图自卫其身。"可以看出，他一方面继承了孔子、朱熹他们读书治学的思想，另一方面却有了自己的创新，他并不拘于朱熹的"性命""道德"空谈，而继承了宋朝陈亮"经世致用"的思想，认为读书大可报国为民，小可修业谋生，以自卫其身。因此，可以说在为什么读书的问题上，曾国藩是在继承古代各种观点的合理因素的基础上，提出了较为客观、切合实际的新的读书观。

首先，曾国藩明确表示自己读书不是为荣辱得失，而但愿成为读书明理的君子。"卫身"、"谋身"是人最起码的生理需要，它与追求功名利禄有着本质的不同，曾国藩是反对为一体之屈伸、一家之饥饱而读书的。因此，他认为读书又以"报国为民"为最终目的："明德新民止于至善，皆我分内事也。若读书不能体贴到身上去，谓此三项，与我身毫不相涉，则读书何用？"

然而，现代很多人读书却都是为了"一体之屈伸"。为"一体之屈伸"而读书的人，虽然可能会有所成，但成就会很小，也不会长久；为了报国为民而读书的人，有所成就的路途会很遥远，很艰难，但最后必将成就大的功业。这让我们想到了很多伟人的读书志向，比如周总理的"为中华崛起而读书"的豪言壮语，他后来的一心为国为民、"鞠躬尽瘁、死而后已"的美名为人们世代传颂，成为令人敬仰的一代伟人。曾国藩的读书志向是进德修身，再拓展开来就是在成就自己的同时也成就别人，虽然有着很重的明哲保身的思想，但是本着"报国为民"的思想读书，在那个年代已经是相当难得了。

也正是抱着这种"不为圣贤，便为禽兽"的志趣，曾国藩才从一个"朝为田舍郎"到一个"暮登天子堂"再到一个"中兴以来，士人而已"的封疆大吏，成就了他的非凡人生。

反观现今时代，读书可以开阔眼界，可以荡涤心灵，可以提升修养，最后改变的是你看问题的角度，想问题的层次，面对问题的态度。因为我们很难改变这个世界，而读书则可以很好地改变我们自己，进而让我们去适应、去创造、去改变这个世界，实现我们的人生价值。一言而概之，读书就是为了更好地滋养自己。

有这样一个故事：有一个徒弟去问他的师傅，一碗米值多少钱？师傅说："这太难说了，这要看这碗米在谁的手里。要是在一个家庭主妇手里，她往里面加点水，蒸一蒸，半个钟头一碗米饭就做出来了，这就是一块钱的价值；要是在有点头脑的小商人手里，他把米好好泡一泡、发一发，分成四五堆，用粽叶包成粽子，就是四五块钱的价值；要是在一个更有头脑的大商人手里，他把米适当地发酵、加温，很用心地酿成一瓶酒，有可能是一二十块钱的价值。"所以，一碗米到底值多少钱，因人而异。

如果我们每个人是"一碗米"，那么我们是选择赶紧把自己变成米饭兑现了呢，还是用"这碗米"精心酿造成一瓶酒？把自己变成米饭很容易，只需要20分钟，几乎不可能失败；把自己酿造成酒，则需要花费很长的时间，中间可能会出现很多导致失败的因素，需要我们花费更多的精力去维护它。一碗米饭也就是一块钱的价值，而一瓶酒则是十几块钱、几十块钱的价值，我们愿意选择那个方式呢？其实，读书就是把自己"这碗米"逐渐酿成酒的过程。

一个人如果有动机在背后激励着他，他就拥有了前进的动力，所以说，我们读书一定要明确自己的目的。有了实现理想的动机，就需要我们付出不懈的努力。在这个过程中，要不断地用自己定下的目标激励自己，这样一来，我们就有了前进的动力。在动力的驱动下，我们就可以充满激情地向着成功的目标迈进了。

徐宗文先生谈到读书的三重目的——"为知，为己，为人"。"为知"，就是为了积累知识，增长学问、见识和智慧；"为己"，就是古人所说的修身正己，培养自己的人格、道德和情操；"为人"，就是热爱生活、勤奋工作，运用书中所学的知识造福社会。

所以说，充实而有意义的人生，应该伴随着读书而发展。诚然，读书的目的是拓宽人的视野，增长知识，锻炼才能，提高修养和欣赏水平，但更重要的是学会怎样做人和提高自身的道德品质。

马拉美散文《伊吉图》中描绘了这样的场景："在一间空屋子里，桌子上有一本书，正等着它的读者。文学，或者说最初的文学，就是从如此等待之中诞生的。读书所开启的，不是一个人对于另一个人的等待，而是一片空无对另一片空无的等待，是一本书在等待另一本书，是一个'孤独'在等待另一个'孤独'。"

"旅行"的意义

身处异地，享受着与平日生活截然不同的浪漫情调，你的内心必将充满感动，你那颗自由的灵魂不在世俗里挣扎，而在浪漫中涅槃重生。

旅游是一件很感性的事情，一个人，穿越心灵之旅。"自助游"也好，参加旅行团也好，其实，一个人上路，不会孤独。你会发现，有很多志同道合的朋友就在你身边。条件最为艰苦的地方，往往才是风景最好的地方。西藏、新疆、尼泊尔、非洲等地都留下了人们的足迹。跋山涉水，徒步穿梭，呼吸新鲜的空气，寻找陌生的风景，与不同文化背景的人微笑招手，身临其境那传说中的理想国度，这一切都成了旅游的真谛和收获。

"旅行"有时候也只是一种心情的释放，好比沉在水底的鱼儿，在雷雨到来之前感觉烦闷，迫切地想要到水面上透一口气。远离一个城市，奔赴另外一个城市，无论这个城市给你"好"与"坏"的感觉,但有一点不变的是,对于未知的风景,我们总抱着憧憬和好奇。旅行可以满足我们的"窥视欲",我们"窥视"着每个城市不一样的节奏与表象,我们窥视10年之后的同学、老友的现实与心理的变化,从而获得一种现实的平衡。

其实,"旅行"的意义,除了改变你的世界观外,也为你打开了生活的另一扇窗。对于一个一年365天,除了过年以及"国庆长假"能改变一下生活规律的"打工一族"来说,"旅行"的意义是给平淡无奇的生活打开一道缝隙,这缝隙里有青草和花香的气息。无论是身居高层的精英,还是身处基层拼搏的"小白领",以及那些在"物欲"中挣扎的人,他们明明知道"长假"期间人多车多,旅行一次也很累人、累心,可是又无法抑制那颗平时被繁琐生活压抑得想"反击"的心。那么,一次远行,即是一次与平淡生活"反叛"的开始。

"旅行",有时候也仅仅只是为了让自己的生活多一点"偶然",打破一成不变的生活规律。钱永远赚不完,平日里的各种压力,一天天地累积在人的心底,终究会在一个合适的机会来临时,以一种近乎欢呼雀跃的姿态去迎接它。无论是住新的酒店,还是坐一趟陌生的班机,想象自己的身影曾经在某个城市歇息过一晚,在某个地域的上空穿梭过,那么这个地方对我们来说就不那么陌生了。

"旅行"的意义,也可以是陈绮贞歌里关于爱情的缠绵悱恻,也可以是过尽千帆的沧桑心态。人生短暂,稍不留神,曾经唾手可得的东西立刻会变成遥不可及。"旅行",就是抓住生活的每一朵浪花,然后在回忆里串成最美的记忆,照耀日后荒芜的岁月。

20岁的时候,可以将"旅行"变成情感沙龙,在"旅行"中整理敏感的思绪;30岁时,去专属于自己的"旅行"地点,在游历中沉淀日渐繁杂的心情;40岁时,告诉自己除了家庭还要记得有梦想没去实现;等到了50岁时,需要仍然保有对未知世界的好奇心,提醒自己:

最美的风景可以在不懈的追求中，也可以永远保留在心里……

"旅行"不仅带给我们认识世界的机会，更带给我们实现美好梦想的天空。

世上"有味"之事，很多，很多

很多人问，"情趣"从哪里来？我要怎么做才有"情趣"？

世上"有味"之事，很多，但总包括了诗、酒、哲学、爱情等，也许很多人认为它们没用，他们只知道"有钱能使鬼推磨"，只有"钱"才是万能的，"有味"、"没味"，谁会在意？甚至有人还会拿出"百无一用是书生"的论调来反驳。但纵观历史，吟"无用"之诗，醉"无用"之酒，读"无用"之书，钟"无用"之情，终于成"无用"之人的人，却反而活得更有滋有味，创造出属于他们的人生的精彩。

著名的山水诗人谢灵运，一生醉心于"山水诗"的研究与创造，崇尚生命的恬静安然。他在长达一生的仕途坎坷之中，常有醒悟，也用"真性情"磨练过自己，终于成为中国历史上著名的"山水诗鼻祖"。田园诗人陶渊明，他不乐意做官，不肯为"五斗米"折腰，用诗书打点自己的一生，"不戚戚于贫贱，不汲汲于富贵"，吟"无用"之诗，醉"无用"之酒，读"无用"之书，一生写了大量的"饮酒诗"、"咏怀诗"、"田园诗"，因而成为古典诗词的典范。

又有很多人说：没钱还玩什么"情趣"？其实，亨利·梭罗说过：

"我们来到这个世上，就有理由享受生活的快乐。"当然，享受生活并不需要太多的物质支持，因为无论是穷人还是富人，他们在对幸福的感受方面并没有很大的区别，我们可以通过摄影、收藏、其他业余爱好等各种途径培养自己的生活"情趣"。

生活的艺术可以用许多方法表现出来，没有任何东西是可以不屑一顾的，没有任何一件小事是可以被忽略的。一次家庭聚会，一件普通得不能再普通的家务，都可以为我们的生活带来无穷的乐趣与活力。

小张是一个读大三的"穷学生"。一个男生喜欢她，同时也喜欢另一个家境很好的女生。在那个男生的眼里，小张和另一个女生都很优秀，他不知道应该选谁做自己的妻子。

有一次，男生到小张家玩。小张的房间非常简陋，没什么像样的家具。但当他走到窗前时，发现窗台上放了一瓶花——瓶子只是一个普通的水杯，花是在田野里采来的野花。

就在那一瞬间，他下定了决心，选择小张作为自己的终身伴侣。促使他下这个决心的理由很简单，小张虽然穷，却是个懂得生活情趣的人，将来无论他们遇到什么困难，他相信她都不会失去对生活的信心。

小白喜欢时尚，爱穿与众不同的衣服。她是被别人羡慕的"白领"，但她却很少买特别高档的时装。她找了一个手艺不错的裁缝，自己到布店买一些不算贵但非常别致的料子，自己设计衣服的样式。在一次清理旧东西时，一床旧的缎子被面引起了她的兴趣——这么漂亮的被面扔了多可惜，不如将它拿到裁缝那里做一件中式服装。想不到，效果出奇地好，她的"中式情结"由此一发而不可收：

她用小碎花的旧被套做了一件立领带盘扣的风衣；她买了一块红缎子稍作加工，就让她那件平淡无奇的黑长裙大为出彩……

小王是个普通的职员，过着很平淡的日子。她常和同事说笑："如果我将来有了钱……"同事以为她一定会说买房子、买车子，而她说的却是："我就每天买一束鲜花回家！"不是她现在买不起，而是觉得按她目前的收入，到花店买花有些奢侈。有一天，她走过人行天桥，看见一个人在卖花，他身边的塑料桶里放着好几把康乃馨，她不由得停了下来。这些花一把才开价5元钱，如果是在花店，起码要卖15元，于是，她毫不犹豫地掏钱买了一把。这把从天桥上买回来的"康乃馨"，在她的精心呵护下开了整整一个月。每隔两三天，她就为它换一次水，再放一粒维生素C——据说这样可以让鲜花开放的时间更长一些。每当她做这些事的时候，都觉得特别开心。

生活中还有很多像小张、小白、小王这样懂得生活艺术的人，他们懂得在平凡的生活细节中拣拾生活的"情趣"。

生活可以很平凡、很简单，但是不可以缺少"情趣"。一个懂得幸福生活的人可以从做家务、教育孩子、为爱人买"情人节"礼物等平凡的生活细节中体验到生活的快乐。一个很富有的人的生活不一定有乐趣，一个很贫困的人也能把自己的小日子过得有滋有味。

过一种"灵魂修养的生活"

一碗米饭，一碗白开水，皆是生活的颜色。在喧嚣、平淡的日子里心如止水；在粗茶淡饭里咀嚼生活的味道。拥有一颗平常的心，简简单单地过日子。日久天长，在这"平淡"之间，你会发现，"平淡"并不意味着枯燥，其中蕴藏着大的惊喜、难忘的奇迹。

享受灵魂修养的生活，是要努力去丰富生活的内容，努力去提升生活的质量。愉快地工作，也愉快地休闲。散步、登山、滑雪、垂钓，坐在草地或海滩上晒太阳。在做这一切时，使杂务中断，使烦忧消散，使灵性回归，使亲伦重现。

一位得知自己将不久于人世的老先生，在日记簿上记下了这样一段文字：

"如果我可以从头活一次，我要尝试更多的错误，我不会再事事追求完美。

"我情愿多休息，随遇而安，处世糊涂一点，不对将要发生的事处心积虑地计算着。其实人世间有什么事情需要斤斤计较呢？

"可以的话，我会多去旅行，跋山涉水，再危险的地方也要去。以前不敢吃冰激凌，是怕健康有问题，此刻我是多么后悔没尝过它的味道。过去的日子，我实在活得太小心，每一分、每一秒都不容有失，太过清醒、明白，太过合情合理。

"如果一切可以重新开始，我会什么都不准备就上街，甚至连纸巾也不带一张，我会放纵地享受每一分、每一秒。如果可以重来，我

215

会赤足走出户外,甚至彻夜不眠,用自己的身体好好地感受世界的美丽与和谐。还有,我会去游乐场多玩几圈旋转木马,多看几次日出,和公园里的小朋友玩耍。

"只要人生可以从头开始……但我知道,这不可能了。"

生活本是丰富多彩的,除了工作、学习、赚钱、求名之外,还有许许多多美好的东西值得我们去享受:可口的饭菜、温馨的家庭生活、蓝天白云、花红草绿、飞溅的瀑布、浩瀚的大海、雪山与草原等。美国诗人惠特曼说:"人生的目的除了去享受人生外,还有什么呢?"

林语堂也持同样的看法,他说:"生活的目的即是生活的真享受……是一种人生的自然态度。"

一个6岁的小女孩问妈妈:"花儿会说话吗?"

"噢,孩子,花儿如果不会说话,春天该多么寂寞,谁还对春天左顾右盼呢?"

小女孩满意地笑了。

小女孩长到16岁,问爸爸:"天上的星星会说话吗?"

"噢,孩子,星星若能说话,天上就会一片嘈杂,谁还会向往天堂静谧的乐园呢?"

小女孩又满意地笑了。

女孩长到26岁,已是个成熟的女性了。一天,她悄悄地问做外交官的丈夫:"昨晚宴会,我表现得合适吗?"

"棒极了!"外交官不无欣赏和自豪之情,"你说话的时候,像叮咚的泉水、悠扬的乐曲,虽千言而不繁;你静处的时候,似浮香的荷、优雅的鹤,虽静音而传千言……能告诉我你是怎样修炼的吗?"

妻子笑了："6岁时，我从当教师的妈妈那儿学会了和自然界对话。16岁时，我从当作家的爸爸那儿学会了和心灵对话。在见到你之前，我从哲学家、史学家、音乐家、外交家、农民、工人、老人、孩子那里学会了和生活对话。亲爱的，我还从你那里得到了思想、智慧、胆量和爱！"

一个优雅快乐的人，会感受生活，会品味生活中每时每刻的内容。虽然享受生活必须有一定的物质基础，努力地工作和学习，创造财富，发展经济，这当然是正经的事。但是，劳作本身不是人生的目的，人生的目的是"生活得写意"。一方面勤奋工作，另一方面使生活充满乐趣，这才是和谐的人生。

享受生活，并非花天酒地，或过"懒人"的生活。享受生活，是要努力去丰富生活的内容，努力去提升生活的质量。愉快地工作，也愉快地休闲。用乔治吉辛的话说，是过一种"灵魂修养的生活"。

守住你的心灵，不急着出发到"下一刻"

到寺院礼佛敬香，内心会感受到一种异乎寻常的安宁与祥和，这种安静不是无声的安静，而是内在的平静。

很多人常说，要是心里总这么宁静就好了。怎样才能做到这一点呢？

会处理生活的人，一定懂得怎样给自己安排一片不受干扰的属于自己的小天地。在这里，你可以想你所要想的，做你所要做的，躲开一切你所要躲开的，逃避一切你所要逃避的。这片小天地就是你寄托灵魂或你真正找到自己的地方。

给自己的灵魂找一个寄托，那并不是消极的逃避，而正是一种积极的养精蓄锐。正如有位名人说的"我休息是为了工作"，我们也是一样，让灵魂去休息一下，养好它在尘间奔波所受的伤，然后再去奔波。

匆忙的生活使我们忽略了许多美好的、值得欣赏的东西，只有当你找到寄托你心灵的"处所"之后，你才能有余情去欣赏这世界可爱的一面，才有机会去享受真正属于你自己的人生。

享受安然的自由，守住现在，守住你自己，不急着出发到下一刻，安于此刻的存在，与身旁的玫瑰和雾中的树木同住，并融入它们纯洁、清香的"呼吸"之中。

人生天地间，本来就是自然的，成功也好，失败也好，都是自然的，既不要欢喜过度，也不要伤心过度。自处时超脱，待人时和蔼，无事时坐得住，有事时不慌乱，得意时保持一颗"平常心"。世间没有永恒的事物，一枯一荣都有自然规律，一惊一喜事在必然，人要顺应自然、随遇而安。

既不要因遇到好事而得意，也不要因遇到不好的事情而失意。这也就是我们所说的"不以物喜，不以己悲"。它是一种思想境界，是古贤人修身的要求。即无论外界或自我有何种起伏喜悲，都要保持一种豁达随缘的心态。

一个皇帝想要整修京城里的一座寺庙，他派人去找技艺高超的设计师，希望能够将寺庙整修得美丽而又庄严。

后来，有两组人员被找来了，其中一组是京城里很有名的工匠与画师，另外一组是几个和尚。由于皇帝不知道到底哪一组人员的技艺更好，于是就决定给他们一个机会做一个比较。

皇帝要求这两组人员各自去整修一个寺庙，而且这两个寺庙的位置是面对面的。三天之后，皇帝要来验收成果。

工匠们向皇帝要了100多种颜色的颜料（漆），又要了很多工具；而让皇帝觉得奇怪的是，和尚们居然只要了一些抹布、水桶等简单的清洁用具。

三天后，皇帝来验收了。

他首先看了工匠们所装饰的寺庙，工匠们敲锣打鼓地庆祝工程的完成，他们用了非常多的颜料，以非常精巧的手艺把寺庙装饰得五颜六色。

皇帝满意地点点头，接着回过头来看和尚们负责整修的寺庙。他看了一眼就愣住了。和尚们所整修的寺庙没有涂任何颜料，他们只是把所有的墙壁、桌椅、窗户等都擦拭得非常干净，寺庙中所有的物品都显出了它们原来的颜色，而它们光亮的表面就像镜子一般，无瑕地反射出外面的色彩：那天边多变的云彩、随风摇曳的树影，甚至是对面五颜六色的寺庙，都变成了这个寺庙美丽色彩的一部分，而这座寺庙只是宁静地接受着这一切。

皇帝被这庄严的寺庙深深地感动了，当然，我们也就知道最后的胜负结果了。

我们的心就像是一座寺庙，我们不需要用各种精巧的装饰来美化我们的心灵，我们需要的只是让内在原有的美无瑕地显现出来。

如果你珍爱生命，请你修养自己的心灵。人总有一天会走到生命的终点，金钱散尽，一切都如过眼云烟，只有精神长存世间。

心灵是智慧之根，要用知识去浇灌。胸中贮书万卷，不必人前卖弄。"人不知而不愠，不亦君子乎？"让知识真正成为心灵的一部分，成为内在的涵养，成为包藏宇宙、吞吐天地的大气魄。只有这样，才能运筹帷幄之中、决胜千里之外，才能指挥若定、挥洒自如。也唯有如此，才能高朋满座，不会昏眩；曲终人散，不会孤独；成功，不会欣喜若狂；失败，不会心灰意冷。才能坦然地迎接生活的"鲜花美酒"，洒脱面对生活的"刀风剑雨"，还心灵以本色。

行到水穷处，坐看云起时

心理学家马斯洛认为，自我实现就是一个人力求变成他能变成的样子，即"成为你自己"。他说："一位作曲家必须作曲，一位画家必须作画，一位诗人必须写诗，否则他始终无法安静。一个人能够成为什么，他就必须成为什么，他必须忠实于自己的本性。"

如何才算得上成为"真实"的自己？如果按照个人的出身和外界的要求去发展自我，算不上"成为自己"，那是成了外界的期待，成了"他人眼中的自己"。成为"真实的"自己，应该是一种完成自己全部心愿的状态。在这个过程里，是不需要坚持或努力的，如果一个人的心愿的力量足够强大，他就自然能排除外界的一切干扰。一个人的自我实现，其实可以叫作这个人心愿的自我实现。只有当一个人成为"他自己"，他的心灵才会得到安宁。

"功"是什么？"名"又是什么？人们害怕失去，却总在失去，人们想要拼命得到的"保障"，却根本靠不住。人们害怕衰老，怕自己的双鬓生出白发，人们害怕人生的"末路"，怕时光施舍的最后的"蓝色"傍晚，人们害怕生之苦痛、死之绝望。老之将至时，人们该有多少业已实现的和还未实现的人生欲望啊，但若你拥有一颗"真性情"之心，就会拒绝欲望蚀骨虐心，面对生死，你会淡定从容。

记得有一位哲学家说过："有钱有地位，那叫活出样来，是低档次的；而注重人生的'真性情'，那叫活出味来，是高档次的。"若你能既"活出样来"又"活出味来"，那你是人生的高手。在特殊时代的大背景下，财富和功名，需要的时候，不妨去追逐，你乐意去做，并感到快乐，没人会阻拦你。但不要受制于财富与功名的羁绊，要能进能退、收放自如，不要像"木偶"一样没有自我，最后陷在悲剧的剧情里万劫不复。

事实上，人第一要追求的是"真性情"，是做"有味"之事，完满的人生包括了丰富的心灵和高贵的灵魂。当你具备"真性情"的时候，你才有能力和智慧直面人生的成功或者失败，哪怕是生死。

周国平说过："爱情要的是相爱时的陶醉和满足，而不是最后的结婚；创作也是为了陶醉和满足，而不是'成名'、'成家'，名扬四海。"同样的道理，如果你拼了性命地追求功名与财富，但却过得非常痛苦，那你就已经受制于外物了，丧失自我了，那就不是"真性情"了。

京都的清晨，天灰蒙蒙的，将亮未亮，在西本愿寺的本堂阶下跪着一位年约40岁的乞丐。天亮后，西本愿寺的大门开启，乞丐静静地合掌念佛，直到早课结束。

白天，他在"西六条"的新町乞食，每当有人施舍食物给他时，他便面露和颜地连说："因缘！因缘！"即使不给任何东西，他也如此说着，毫无愠色。偶有顽童，群集在他四周，或扔石头，或用木棍打他，甚至将他穿着的草袋撕破，他也只是说："因缘！因缘！"不以为意。因此，街上的人都称他为"因缘乞丐"。

到了晚上，因缘乞丐就在别人家的屋檐下过夜。

有一年正月的某个晚上，寒风刺骨。有一个叫近江屋的商人喝醉了酒回家，途中因内急，没注意到屋檐下的乞丐蜷卧着，竟就地对他"小解"，尿水撒了乞丐一头一脸。乞丐醒来，喃喃说道："因缘！因缘！"同时跪行接近。

近江屋大吃一惊，不停地道歉，乞丐一副不敢当的样子说："哪里！哪里！是我睡错地方惊吓了你，这也是'因缘'。你如此向我道歉，倒使我不安。"近江屋深为感动，当面向他许诺说："如果在我有生之年你就死了，我一定给你厚葬。"

两个月之后，"因缘乞丐"死在一户人家的屋檐下，死状极为安详。近江屋信守诺言，把乞丐的尸体领回家，雇人为他沐浴入殓，隆重地为他举行葬礼，并在火葬场火化。第二天早晨，近江屋因事未到火葬场领取骨灰，火葬场派人来通知，近江屋便请他代为处理，来人口中不停地啧啧称奇，说他火化过数千人，却从未见过如此不可思议之事。近江屋好奇之余，急忙赶往火葬场看个究竟：原来乞丐的遗骨全火化成如水晶般透明的紫色"舍利子"。近江屋敬佩不已，之后厚供了这些"舍利子"。

后人曾借和歌"草袋"来赞叹"因缘乞丐"，歌云："虽着草袋心非乞，纯美犹胜冬牡丹。"

人生在世追求幸福、快乐最重要。人必须要"知足"，尤其顺境要安心、自在，逆境仍要安心、自在。

人要以一种乐观、豁达的态度去看待人生、面对生活，不执着、不强求、不抱怨、不逃避，认认真真地活在当下。"行到水穷处，坐看云起时"，懂得"随缘"的人，才是最懂得享受生活的人。

第十章

愿你有岁月可回首，
也有前程可奔赴

闲得像"云"，拼得像"狗"

(现身说法：王大钱，男，23岁)

来到阿姆斯特丹大学的第一节课，新生们就会学到一个荷兰词语："Gezellig"。这个曾被评为世界十大最难翻译的词汇之一的词，如果硬是要解释的话，大意就是"闲适散淡"。而到了校园里，则体现为"没人管"的自主学习氛围。不比"导师制"大学里导师对学生的耳提面命，阿姆斯特丹大学的老师在校园里默默进出，从来不为督促学生学业而停留，看似非常没有存在感。所以，对于初来乍到的外国留学生来说，要想在这样一所人人都自顾自地"飘来飘去"的学校里找到方向感，还真不是一件容易的事。

一位在阿姆斯特丹大学留学的中国学生说的那样："不存在无条件的宽容，更没有随心所欲的自由。""闲适散淡"并不是全部，阿姆斯特丹大学还有另一重"人格"，那就是"拼"。

别看在咖啡馆里坐着的学生看起来优哉游哉，只要一到了课堂上，他们就像是换了一副面貌，变得勤奋起来。讨论一定是刀锋剑影，讲座一定是场场爆满，为了赶上教授的节奏，通宵读书和写报告也是常事。"闲适散淡"的生活是从哪儿来的？还不都是"拼命"完成了这些学业之后才有的"小憩"。再加上阿姆斯特丹大学的考勤制度严苛得近乎不合情理，毕业通过率也是全世界出了名的低，光是校园生活就足以逼迫着学生们日日辛劳，丝毫不敢松懈。说到底，"拼"是因为良好的自制力。

正所谓"你必须非常努力，才能看起来毫不费力"，阿姆斯特丹大学的学生们，可不是靠喝喝咖啡、发发呆就能毕业的。

在人生的"游戏"中，你要拥有生活和学习的热情

我们在学校里学到的东西是十分有限的，在工作和生活中所需要的相当多的知识和技能，完全要靠我们在实践中一边学习、一边摸索。与学校相比，社会是一本更加博大精深的"书"，需要经常不断地去翻阅。

在这个变化越来越快的现代社会，每个人现有的知识和技能很容易过时，只有不断地学习，才不会被淘汰。德国设计中心主席彼得·扎克说："在人生的这场游戏中，你要拥有生活和学习的热情，吸收能够使自己继续成长的东西来充实你的头脑。"如果一个人不能持续地学习，就会被社会所淘汰。你只有随时随地地补充"能量"，拥有一种积极的学习心态才能够充满自信，适应社会的发展和变化。

这是美国东部一所规模很大的大学毕业考试的最后一天。在

一座教学楼前的阶梯上，有一群机械系大四学生挤在一起，他们正在讨论几分钟后就要开始的考试。他们的脸上显示出他们很有信心，这是最后一场考试，接着就是毕业典礼和找工作了。

有几个人说他们已经找到工作了。其他的人则在讨论他们想得到的工作。怀着对四年大学教育的肯定，他们觉得自己心理上早有准备，能征服外面的世界。

即将进行的考试他们知道这是很容易的事情：教授说他们可带需要的教科书、参考书和笔记，只是考试时他们不能彼此交头接耳。

他们意气风发地走进教室。教授把考卷发下去，学生都眉开眼笑，因为学生们注意到考卷上只有5道论述题。

3个小时过去了，教授开始收集考卷。学生似乎不再有信心，他们脸上出现了可怕的表情。没有一个人说话，教授手里拿着考卷，面对着全班学生。教授端详着面前学生们担忧的脸，问道："有几个人把5道问题全答完了？"

没有人举手。

"有几个人答完了4道题？"

仍旧没有人举手。

"3道？2道？"

学生在座位上不安起来。

"那么一道呢？一定有人做完了1道题吧？"

全班学生仍保持沉默。

教授放下手中的考卷说："这正是我预期的。我只是要加深你们的印象，即使你们已完成四年工程教育，但仍旧有许多有关工程的问题你们不知道。这些你们不能回答的问题，在日常操作中是非常普遍的。"

教授带着微笑说下去："这个科目你们都会及格，但要记住，虽然你们是大学毕业生，但你们的学习才刚开始。"

只有不断学习的人，才不会被社会淘汰，也只有随时随地对生活抱着一种学习心态的人，才能超越年龄上的障碍，战胜生理上的老化，使自己的心态保持年轻，让自己充满活力。

在不断变化的现代社会中，在充满竞争的职场上，学习能力将会成为成就一个人的重要条件。"学无止境"，向身边的人学习，更是终身的职责。

麦克和约翰都是一所医学院的学生，毕业时，麦克选择了一家省城医院，约翰则选择了一家市级医院。他们为自己的选择做出了充分的解释。麦克说："省城医院专家、教授多，接触的病人也多，我在那里一定能得到很大的锻炼，有所成就。"约翰说："省城医院人才济济，我们只不过是普通医学院的毕业生，去了还不是做些跑腿、打杂的工作，能有什么发展前途？市级医院福利待遇也不低，而且很看重我们这些刚毕业的学生，在那里才有前途。"

10年过去了，麦克成为省内专家，约翰到省城进修，正是跟随麦克学习！昔日同学，今朝师徒，令人尴尬。麦克请约翰出去吃饭，两人边吃边聊，约翰不解地问："当年省城医院分去那么多学生，都是非常优异的人才，你当时的成绩并不突出，究竟怎么取得今天的成绩的？"

麦克想了想，拿起身边的茶水洒到桌子上说："同样是一杯水，洒到桌子上很快就干了，而盛在杯子里就永远留有机会。我来到省城医院，一开始，确实像你说的，不受人重视，天天跟着专家、教授做做记录、查查房。有些同我一起来的大学生觉得做这些事没有用处，开始敷衍了事，可我不这样想，我认为天天跟专家、教授在一起，即便再笨，耳濡目染也会受到他们的影响，有所进步。就这样，一天天、一年年过去了，我就取得了今天的成绩。"

约翰仔细听着麦克的话，他若有所失地说："说得好，你从与你竞争的对手身上看到了成功的道路，学到了成功的秘籍。当年，你从我的选择上看到了我的缺点，你做出了正确选择；工作后，你从那些懒惰人身上看到了失败的影子，从中学习到了工作的方法，这比学习专业知识还要重要。而我，贪图享受、惧怕竞争，更不懂得随时随地向他人学习，学习他人的优点，克服自己的弱点，说到底，缺少学习能力，才导致今日结果。"

麦克听了，笑着说："竞争不会结束，我们可以开始新一轮的比赛。"

此后，约翰努力向麦克学习医学知识，也向他学习不懈追求、勇于向竞争对手学习的精神，经过多年努力，他也成为当地有名的医生。

在充满竞争的环境里，学习是没有止境的，如果你不能及时学习、把握良机，就会被社会淘汰。

瓦尔特·司各脱爵士曾经说："每个人所受教育的精华部分，就是他自己教给自己的东西。"由此可知，学习带给我们的财富是无法估量的。尤其是在当今这个时代，新技术、新产品和新服务项目层出不穷，工作对人的要求随着技术的进步也在不断地产生变化，标准的提高，拉大了技术发展的要求与人们实际的工作能力之间的差距。于是，出现了这样一种奇怪的现象：一方面失业人口持续上升；另一方面各种人才越来越稀缺。随着知识经济时代的到来，企业对员工不再只是数量的需求，更重要的是对其质量有了更高的要求。

所以,只有抱着不断学习的心态的人,才能够永远保持积极乐观的态度,永远走在时代的前端,才能不断适应社会发展的需要。

所有的"希望"和"但愿",都是在浪费时间

我们几乎每天都可以听到这样的声音:"如果我当年就开始做那笔生意,现在早就发财啦!""如果我当时勇敢地说出这个创意,那我早就出名了。""如果……",等等。而事实是怎样的呢? 说这些话的人既没有发财,也没有出名。因为他们在有了想法的同时,并没有采取相应的行动,所以,最后他们也只能用"如果"来安慰自己。

时间总是不停地向前发展,世界上也没有"后悔药"出售。所以,对于我们来说,最好的选择就是将自己的想法立即付诸实现,"行动"是实现目标的"第一步"。

如果你的目标是一年赚10万元的话,那么从目标明确的那一刻开始,就应该立刻拟出必须采取的步骤。比如,到底哪个项目可以在一年内赚这么多钱? 你是否该自己创立一番事业? 你自己还缺少什么资源? 并且要立即进行那些可以实现的步骤。

一天,克里斯和亚当斯在一家医院的五官科相遇了,他们都感觉自己的鼻子有问题。在等待化验结果期间,两人聊了起来,克里斯说:"如果是鼻癌,我会立即去旅行,并且,这些年没有来得及实现的愿望,我将会一一去实现。"亚当斯也这么表示。然而,结果出来了,

亚当斯得的是鼻癌，克里斯得的只是鼻息肉。于是，克里斯留在了医院，亚当斯则放弃了治疗。

离开医院后的亚当斯立即给自己列了一张清单，在清单上面，他一一列出了这些年来自己想做的各种事情，包括：去埃及旅游，以金字塔为背景拍一张照片，在希腊看苏格拉底照片；读完莎士比亚的所有作品；竭尽全力成为哈佛的一名学生；在临终之前写一本书……加起来共20多条。

为了不留遗憾地离开人世，亚当斯辞去了公司的职务，他打算用生命的最后几年去实现清单中列出的20个愿望。

不久，他就实现了第一个愿望——去了埃及和希腊。回到家中，他又以惊人的毅力通过了自学考试，成为哈佛大学哲学系的一名学生……几年的时间里，亚当斯已经实现了19个愿望，现在只剩下最后一个——写一本书。

有一天，克里斯在报上看到亚当斯写的一篇有关生命的散文，于是打电话去问亚当斯的病情。亚当斯说："多亏了这场病，要不是这场病，我真的不能想象我的生命该是多么糟糕。但是，现在，因为它，我的生命发生了改变，我已经去实现了我的大部分梦想，并且正在为最后一个梦想而尝试写作。你呢？你的梦想都实现了吗？"

克里斯没有回答，在医院治好了鼻息肉后，克里斯就继续上班，早就将那些梦想抛在脑后了。

行动大于结果，正像英国著名的前首相本杰明·笛斯瑞利所说的那样："虽然行动不一定能够到来令人满意的效果，但不采取行动一定无满意的结果可言。"只有立即采取行动，我们才能够离自己的目标越来越近。

在几百年前，著名的物理学家牛顿发现了"万有引力定律"，这个定律为我们解释了两个物体之间的引力关系，同时还告诉我们，当两个物体之间的距离拉近一半时，其引力增大4倍。这是自然科学中一个最重要的定律，它也可以应用到人文科学中，即当你确定了一个目标之后，如果你向这个目标前进一步，那么你们之间的引力就会增大，阻力会随之减小，并且你向目标进发得越快，你与目标之间的距离就越小，引力就越大。

所以，当你确定了一个目标后，就应该绝不拖延，立即向目标进发，这样，你遇到的阻力就会越变越小，你的心态就会越来越积极，实现目标的可能性也会随之增大。

沃尔特·皮特金在好莱坞时，一位年轻的支持者向他提出了一个新颖且大胆的建设性方案。这个方案显然值得考虑，在场的人全被吸引住了，不过大多数人还是认为应该考虑一下，讨论后再决定是否采用这个方案。当其他人还在琢磨这个方案时，皮特金却以惊人的速度开始向华尔街发电报，在电文中热烈地陈述了这个方案。最后，1000万美元的电影投资立项就因为这个电文而"拍板"签约。

虽然这个方案当时吸引了所有在场的人，但是，试想一下，假如他们拖延行动，它就极可能在他们小心翼翼的漫谈中自动流产。然而，皮特金立刻付诸了行动，并且可以说，因为他的立即行动，那个方案获得了更多人的认同。

一个人的行为将会影响到他的态度，行动能够带来回馈和成就感，还能带来喜悦，当一人潜心工作时，他所得到的自我满足和快乐是没有什么东西能够替代的。所以，如果你行动了，你就能找到快乐，如果你找到快乐了，就能更好地发挥自己的潜能，就会变得更加积极。

看了上面的事例,也许有人会说,我也知道立即行动很重要,可是,如果条件不成熟,行动的结果也只能是失败,所以我是为了等待更好的、更合适的机会,才暂时不去行动。

这么说看似很有道理,而实际上,从心理学的角度来分析,它代表的是一种逃避和拖延的心理,说这种话的人总是怀有这种念头:希望事情顺利;但愿情况能够好转;也许没有什么大问题;到时候总会有办法的;等等。于是,他们总可以找到让自己拖延下去的理由,只要说出"也许""希望""但愿"或"可能"这些词,他们就能心安理得地给自己找到了不用马上行动的最好的理由。

然而,我们需要明白这样一个道理:所有的"希望"和"但愿"都是浪费时间,都是一厢情愿的妄想,依靠"希望""但愿"或者"可能"永远也无法获得成功;并且,世间永远没有绝对完美的事,更没有人能够真的做到万事俱备。如果你只是坐在那里等待最佳机会的到来,可能你一辈子都要在等待中度过了。许多成功的人在总结经验时说,解决问题的办法往往会在实践的过程中找到。如果一味地延迟、愚蠢地去满足"万事俱备"这一先决条件,不但你的辛苦会加倍,还会使灵感失去应有的乐趣。古罗马一位大哲学家曾说过:"想要到达最高处,必须从最低处开始,想要实现目标,必须从行动开始。"所以,不要将希望寄托在虚无缥缈的未来,而要用自己的双手去实现希望。

"想"和"做"是一对矛盾体,应该说二者都很重要,缺一不可。没有计划的行动只会是"盲动",而没有行动的想法则只能是"空想"。但相比而言,有时候行动更为关键。因为,只有行动才是能够获得成功的最直接的方法,没有行动则不可能取得成功。

有些人很善于计划,在行动之前他们往往习惯于把计划设计得完美无缺,力求考虑到每一个细节的问题。然而,根本就不可能存在完美的计划,很多问题都是在行动的过程中出现的,没有行动的计划只是一纸空谈,没有任何的现实意义。

制订详尽的计划固然没错,但是如果过于追求计划的完美,而迟迟不肯行动,则只会耗费时间,错过最好的行动时机。很多机会都是可遇不可求的,一旦错过了最佳的时机,则再完美的计划也只是一张废纸,对于成功起不到任何作用。因此,很多时候我们应该勇敢地迈出"第一步"。虽然事情看起来很艰难,但只要你勇敢地行动,总会比等在原地空想要好;而且只要有了行动,事情便会充满转机。杰克的故事就说明了这个道理。

杰克一家人住在一间小公寓里,他们很渴望拥有一所属于自己的新房子,有一个干净而舒适的环境。但是,买房子并不容易,因为光是首付款就是个相当大的数字。

有一天,当杰克写着下个月要付的房租支票时,突然想到,其实每月的房租跟新房子每月的分期付款差不多。于是,他对太太说:"下个星期,我们就去买一所自己的房子好不好?"

他的太太惊讶地回答说:"我们哪有这种能力?说不定连首付款都拿不出来呢!"

但是,杰克已经下定了决心,他说:"有很多人跟我们一样想买房子,他们或许也因为缺少首付款而不能如愿以偿。不过,办法是人想出来的,只要有决心,就没有解决不了的事情。"

很快,他们找到了一所非常合适的新房子,首先要解决的问题就是筹集首付款,但是杰克不能向银行贷款,因为那会使他无法获得其他的抵押借贷。

这时,他突然有了一个灵感:为何不直接找承包商谈,或者要求他们提供私人贷款呢?

刚开始时,对方的态度十分冷淡,但由于杰克一再恳求、坚持,承包商终于答应把1200美元借给他们,但是杰克得每月偿还100美元,利息还要另外计算。

接着,杰克开始思考每个月要如何凑出100美元。他们和太太想尽方法,算来算去一个月可以省下的也只有25美元。这时,杰克想到了一个方法,他直接对老板解释了这件事,并希望获得一些帮助。

杰克说:"老板,我为了买房子,每个月要多赚75美元才行。我知道,当你认为我值得加薪时一定会加,可是我现在很想多赚一点,公司有些事情在周末做会更好,你可不可以让我在周末加班呢?"

老板为他的诚恳和努力所感动,于是找了许多事情让他在周末加班,所以杰克一家人终于如愿以偿地搬进了新房子。

就像故事中的杰克一样,当你迈出了实践的步伐,你的生活就充满了积极的动力。别担心自己还没准备好,虽然预先准备是很重要的,但有了机会却仍停滞不前,才是自己最大的损失。

很多时候准备只是一项辅助性的工作,在很多情况下,准备并不一定能发挥其预想中的作用,而行动才是关键。

你敢或者不敢,机遇就在那里

俗话说:"机不可失,失不再来。"这是一个浅显而深刻的道理。生活中,很多人一遇到事情,他们首先的反应就是寻找保险的做法,不知所措、犹豫不决。在采取措施之前,他们会找人商量,寻求他人的帮忙与解决方案。其实,像这种没有主见、意志不坚定的人,连他自己都不相信自己,也就更不会被他人所信赖。

这是一个值得深思的故事:

天降暴雨,人们纷纷逃生去了。然而,一位虔诚的居士却在寺院里祈祷,希望佛祖能够救他。洪水越来越猛,眼看就要淹到居士的膝盖了。这时,远处有一个人驾着舢板而来,对他说:"赶快上来吧,不然,洪水会把你吞没的。"居士不为所动,答道:"不,我相信佛祖一定会来救我的,你还是先去救别人吧!"

洪水还在继续上涨,眼看已淹到居士的胸口了,此刻他只能站在祭坛上。不远处,又有一个人驾着快艇驶过来,要带他离开险境。然而,居士仍然固执己见,答道:"不,我要守住我的佛堂,我深信佛祖一定会来救我的,你还是先去救别人吧!"

没过多久,洪水已经快把整个佛堂淹没了。头顶上传来飞机飞过的声音。飞行员丢下绳梯,对居士大声说道:"这可是最后的机会了,快上来吧。"即使在这生死关头,居士还是固执地说:"不,我要守住我的佛堂,我相信佛祖一定会来救我的,你还是先去救别人吧,佛祖会与我同在。"结果,洪水冲了上来,居士被淹死了。

死后,居士来到佛祖面前,他觉得很委屈,于是质问佛祖:"佛祖啊,我终生都奉献给您,诚心诚意地侍奉您,为什么您不肯救我?"听了他的话,佛祖答道:"我已经派去了两条船和一架飞机,你还要让我怎样做啊?"

这虽然是一个小故事,但是却告诉了我们深刻的道理:在每一个人的身边都有机会,但是它有时只会敲一次门,当它来敲门时,你要抓住它；而那些成功者，他们善于抓住每一次机会，充分施展才能，最终获得成功，得到命运的垂青。

"成功之神"会光顾世界上的每一个人，但如果她发现这个人并没有准备好要迎接她时，她就会从大门里走进来，然后从窗子里飞出去。所以，你要想取得成功，就要当机立断地有所选择或有所放弃。

有一天，柏拉图问他的老师苏格拉底：什么是爱情？老师没有直接回答他，而是让他先到麦田里去，要他摘一颗麦田里最大、最黄的麦穗来，期间只能允许摘一次，并且只可向前走，不能回头。

柏拉图按照老师说的话去做了，结果他两手空空地走出了田地。老师问他为什么空手而回。

柏拉图说："因为只能摘一次，又不能走回头路，期间我即使见到了最大、最黄的麦穗，但因为心里不知道前面是否还有更好的，所以没有摘；走到前面时，又发觉总不及之前见到的好，原来错过了最大、最黄的麦穗。所以，最后我一个麦穗也没有摘到。"

苏格拉底说："这就是'爱情'。"

在人生的这条单行道上，成功的机会也同样如此。

在瞬息万变的现代社会中，机遇可说是无处不在、无时不在的，关键是看你能否把握住它。在萌发机遇的土壤里，每一个人都有成功的机会。面对众多的机遇，你要启动你的"慧眼"，然后选择一个最有利于自己的一个机会，而彻底放弃其他的机会。有人抓住了机会，于是一跃而上，踏上了成功的"天桥"；有人一叶障目，错失了眼前的机缘，结果一生碌碌而过。

寻找机会，就是选择机会，而不是等待机会。不要以为可选择的机会难寻,其实机会就在我们身边,甚至就在我们手上。

在某天晚上,有一个人碰到一个神仙,这个神仙告诉他说,有大事要发生在他的身上,他将有机会得到一笔很大的财富,在社会上获得卓越的地位,并且还会娶到一位漂亮的妻子。这个人听了很高兴,于是他心无杂念地等待这一预言的证实,可是实际上什么事也没有发生。他贫困地度过了他的一生,最终孤独地老死了。

在阴间,他又看见了那个神仙,他不满地责问神仙说:"你说过要给我财富、很高的社会地位和漂亮的妻子,可我等了一辈子,怎么什么也没有呢?"

神仙回答:"我没说过那样的话。我只承诺过要给你机会得到财富,得到尊重的社会地位和一位漂亮的妻子,可是你却让这些机会从你身边溜走了。"

这个人迷惑不解,于是他说:"我不明白你的意思。"

神仙解释说:"你记得你曾经有一个好'点子',可是你因为害怕失败而没有付诸行动的事吗?"这个人点点头。

神仙继续说:"因为你没有去行动,这个'点子'几年以后被另外一个人想到去做了,他后来变成了全国最有钱的人。还有一次发生了大地震,城里大半的房子都倒了,好几千人被困在倒塌的房子里。你有机会去帮忙拯救那些幸存者,可是你怕小偷会趁你不在家的时候到你家里去偷东西,你以此为借口,故意忽视了那些需要你帮助的人。"这个人不好意思地点点头。

神仙说:"那是你去拯救几百个人的好机会。而那个机会能使你在城里得到多大的尊崇和荣耀啊!可惜你也错过了。"

"还有,"神仙继续说,"一位头发乌黑的漂亮女子,你曾经非常强烈地被她吸引,你从来不曾这么喜欢过一个女人,之后也没有再碰到过像她这么好的女子。可是你想她不可能会喜欢你，更不可能会答应跟你结婚，因为你害怕被她拒绝，所以就让她与你擦肩而过了。"这次，这个人流下了悔恨的眼泪。

神仙说："我的朋友呀，就是她！她本来是你的妻子，你们会有好几个漂亮的小孩，而且跟她在一起，你的人生将会有许许多多的快乐，可是你还是没有抓住这个机会。"

的确，犹豫不决和优柔寡断的习惯，对于每一个人来说，都是一个致命的弱点，它会给人带来巨大的副作用。它会破坏一个人的自信心，也会影响一个人的判断力。

其实，一个人的成功与他的决断能力有着巨大的关系。如果没有果断决策的能力，那么我们的一生，可能就像深海中的一叶孤舟，只能在狂风暴雨的汪洋大海里漂流，永远也无法达到成功的"彼岸"。

成功者从来不会坐在家里等待机遇的光顾，他们会走出去，在行动中寻找机会。虽然他们并不是每一次都能如愿以偿，但是，他们尝试的次数要远远多于那些做事犹犹豫豫的人，他们取得成功的几率自然也要大得多。

机遇是"烈马"而不是"绵羊"，它只会被强大而有力的人驯服。在现实生活中，一旦我们发现了机遇，是否一定能抓住它并借此改变我们的人生呢？未必！

所以，你要想抓住机遇，就必须勤修自己的能力。

年轻的保罗·道密尔流浪到美国时，他的身上只剩下5美分，而且没有一技之长。他所拥有的，只是一个发财的梦想。他非常清楚，发财的希望不能靠偶然的机遇，要靠高于一般的能力。于是，他决心学会成为一个大老板需要的各种技能。

刚到美国18个月,道密尔换了15份工作,每份工作的性质都不同。对任何一项工作,无论是机修工还是搬运工,他都认真对待、决不马虎。不过,一旦他完全掌握这项工作的技能,就马上跳槽。他不愿在自己熟悉的事情上浪费时间。

两年后,一位老板看中了他的才干和敬业精神,决定把整个工厂交给他管理。道密尔没有让老板失望,他把工厂管理得很好,他的收入也非常可观。可是半年后,他突然向老板提出辞呈,跳槽到一家日用杂品厂当了推销员。他认为,要成为一流商人,只有企业管理经验是不够的,还必须熟悉市场,了解顾客需求。推销无疑是一份最接近顾客的工作,于是,他放弃了体面的职位和优厚的薪金,做起了推销员。

经过几年"修炼",道密尔对自己的才能充满了自信。他用极低的价钱买下了一家濒临倒闭的工艺品厂,经过一番整顿,很快使它起死回生,成为一家赢利状况极佳的企业。

其后,他再接再厉,买下一家又一家破产企业,并像个"包治百病"的神医似的,使它们重焕生机。他的财富也像雨季的河流一样,迅速飞涨。20年后,这位白手起家的青年轻轻松松地迈入亿万富豪的行列。

在生活中,那些终生平庸的人有一种奇怪的想法:如果遇到很好的机会,我一定能做得很好。所以,他们总是哀叹自己没有机会。其实,他们更应该问问自己,有没有为机会的到来提前做好准备?

机遇的意思就是:如果你做得很好,自然就会遇到很好的机会。

好机会,大都需要付出超常的努力以获得超常的利益。它对我们习惯的工作方式、生活方式甚至对我们认可的价值观都可能是一个挑战，我们需要以"非常规"的心态去看待它，并接纳它。这就是抓住机遇的秘密。或者说，这就是成功的秘密。

不以物喜，不以己悲

"不以得为喜，不以失为忧"，是一种非常良好的心态。这种心态的优势是专注于自己的事情，不因"得失"而忧心忡忡或兴奋狂跳，也不要因外物的影响而大喜大悲，那样会使我们失去冷静。

要以一种泰然处之的心态去面对，生活是我们的导向，它能把我们从痛苦中引领出来。在沉重的打击面前，我们需要有处乱不惊的乐观心态。要冷静而乐观、愉快而坦然地面对生活中的种种问题，要学会对痛苦微笑，要坦然面对不幸。

"量子论之父"马克斯·普朗克是19世纪末20世纪前半期德国理论物理学界的权威，他在科学界颇有威望，于1918年获"诺贝尔物理学奖"。

普朗克的一生并不是一帆风顺的。中年的时候他的妻子逝世；在第一次世界大战期间，他的长子卡尔在法国负伤而亡；他的两个孪生女儿也都在生孩子后不久，相继去世。

对于这些不幸，普朗克在写信给侄女时说："我们没有权利只得到生活给我们的所有好事，不幸是自然状态……生命的价值是由人们的生活方式来决定的，所以人们一而再再而三地回到他们的职责上去工作，去向最亲爱的人表明他们的爱。这爱就像他们自己愿意体验到的那么多。"

对于自己遭遇到的一个又一个的不幸,普朗克都能正确地对待,他没有被这些不幸击倒,没有忘记自己人生的意义。

后来,第二次世界大战中不幸的遭遇再次降临到普朗克的头上。他的住宅因飞机轰炸而焚毁,他的全部藏书、手稿和几十年的日记全部化为灰烬。为了逃避空袭,他只好暂居在一位朋友的庄园里,对于失去家园、财产,他泰然处之。他写道:"在罗格茨的生活还不算坏。"因为他还可以工作,他已经准备好了他想要进行的关于"伪科学"问题的新讲演。

1944年末,他的次子被认定有密谋暗杀希特勒的"罪行"而被警察逮捕,普朗克虽采取了多方的求助,却没有取得任何效果。

普朗克在后来给侄女、侄儿的信中说:"他是我生命中宝贵的一部分。他是我的阳光,我的骄傲,我的希望,没有言辞能描述我因他而蒙受的损失。"他在给阿·索末菲的信中说:"我要竭尽全力让理智的工作来填补我未来的生活。"

普朗克面对如此巨大的悲痛,仍然以泰然的心态处之,实在让人敬佩。事实证明,他得到了世人的尊重,如果我们的心灵不断得到坚韧、顽强、刻苦、质朴之泉的灌溉,那么,不论我们是一贫如洗或是位卑如蚁,也可以求得心态的平和。

任何事情都有它的两面性:成就能给你带来快乐,也可以给你带来烦恼。不要过分地去追求成就,也不要过分地重视自己的地位,如此你便会过得坦然而自信。

坦然是一面"镜子",一旦有了裂痕,就难以复原。1988年的汉城奥运会,约翰逊只用9.79秒的时间就跑完全程。然而,经过检查发现,他服用了兴奋剂,约翰逊的行为让人们对他由敬佩变为了蔑视，难道是他没有信心获得冠军，还是仅仅为了那点虚荣而毁坏了自己的人格？把"冠军桂冠"戴在约翰逊的头上，这对别的运动员是不公平的，约翰逊缺少的是心灵深处的坦然。当你的心中拥有一份坦然的时候，你就会发现只有靠自己辛勤种植培育的花，才能开花结果，才能散发出令人陶醉的芳香。

一个人的坦然是种生存的智慧。生活的艺术，是看透了社会人生以后所获得的那份从容、自然和超然。

我们通常会把不幸视为人生的逆境，抱怨命运对自己不公平，可是抱怨丝毫不能解决问题。那些在人类历史上做出了杰出贡献的人们，很多人都曾遭遇过不幸，经历过刻骨铭心的痛。可是，经历过风雨的历练后，他们对人生有了更加透彻的认识，变得更加成熟。没有不曾经历失败的人，只有不够成熟的失败者。

日本"经营之神"松下幸之助，他小时候在乡下看见农民洗甘薯，不仅觉得那很好玩，而且还从中悟出了做人的道理。在乡下，农民用木制的特大号水桶，装满了要洗的甘薯，然后用一根扁平的大木棍不停地搅拌。在木桶里，大小不一的甘薯，随着木棍的搅动，忽沉忽现。有趣的是，浮在上面的甘薯不会永远在上面；沉在下面的甘薯，也不会永远在下面。甘薯总是浮浮沉沉、互有轮替。

"洗甘薯"是这样，生活何尝不也是这样！松下深有体会地说："这种沉沉浮浮、互有轮替的景象，正是人生的写照。每一个人的一生，就像那些甘薯一样，总是浮浮沉沉，人不会永远春风得意，也不会永远穷困潦倒。这样持续不停地一浮一沉，就是对每个人最好的磨炼。"

"松下"品牌在商界声名显赫、业绩辉煌，可是松下幸之助的一生并不幸福：他11岁时辍学；13岁时丧父；17岁时差一点被淹死；

20岁时不但丧母,而且得了肺病几乎亡故;34岁时,他唯一的儿子出生仅6个月就病故;他一生受病魔纠缠,常常因病而卧床不起。然而,每当他遭受打击与挫折时,就会想起乡下人"洗甘薯"的那一幕。于是,他百折不挠、愈挫愈勇,最终转败为胜、化危为安。

人的一生不可能永远一帆风顺,生命中的那些沟沟坎坎反而更能折射出生命的精彩。没有经历过创伤,就不会领略成熟的人生。在通向成功的道路上,失败是不可避免的。假如你跌倒了,受伤了,要微笑着对自己说:没有什么大不了的,前面的风景更美丽!

每一次的创伤带给你的不仅是痛苦,更重要的是教会你不断地走向成熟。挫折、困苦、失败都不可能击倒意志坚强的人,只会引领他们走向成熟、走向成功。跨过创伤,失败的经历就能够带领我们走向一个更加明朗的世界;越过创伤,你会更加懂得人生;越过创伤,你会发现自己的意志如同钢铁般坚韧无比。在我们收获成功的时候,我们更应该怀着一颗感恩的心来感谢生活给予我们的磨难,是它们让我们变得更加自信与坚强。

永远保持"初学者"的心态

相信很多人都有过这样的经历:在面对未知事物时心中略微会有一种不安、自卑,如果此时有人自愿、主动地帮助你学习、理解这一未知事物,很可能你会保持高度集中的注意力以及极快接纳知识的速度,这种对未知事物的注意力以及极快的接纳速度就源于人们对知识的好奇。

心理学认为：好奇心是个体遇到新奇事物或处在新的外界条件下所产生的注意、操作、提问的心理倾向。它容易被外界刺激物的新异性唤醒。好奇心反映了个体的认知需求，不同的个体面对同样的认知信息，会产生不同水平的好奇心，它的强度与个体对相关信息的了解程度有关。

所以，我们需要对知识充满好奇，永远保持"初学者"的心态，即使你已被公认为大师、教授，面对知识的更新、出现，仍需要保有孩子般的好奇心。

爱因斯坦说他之所以取得成功，原因在于他具有狂热的好奇心。美国学者希克森特·米哈伊在谈到好奇心的重要性时，说："好奇心需要被保护，也许所有的孩子都有好奇心，但这种对事物的好奇是否能保持到成年甚至老年，很难说。"

在剑桥大学，维特根斯坦是大哲学家穆尔的学生。有一天，罗素问穆尔："谁是你最好的学生？"穆尔毫不犹豫地说："维特根斯坦。"

"为什么？"

"因为，在我的所有学生中，只有他一个人在听我的课时，总是露出迷茫的神色，总是有一大堆问题。"

罗素也是个大哲学家，后来维特根斯坦的名气超过了他。

有人问："罗素为什么落伍了？"维特根斯坦说："因为他没有问题了。"

德国著名化学家李比希把氯气注入海水中提取到"碘"之后，发现剩余的母液中沉积着一层棕红色的液体。他虽然感到奇怪，但并未放在心上，武断地认为这不过是"碘"的化合物，只是在瓶子上贴张标签了事。直到以后一位法国科学家证实那层棕红色的物质是新元素溴,李比希才恍然大悟。他因此称这个瓶子为"失误瓶",以此告诫自己。

达尔文从小就爱幻想,他热爱大自然,尤其喜欢打猎、采集矿物和动植物标本。他的父母十分重视和爱护儿子的好奇心和想象力,总是千方百计地支持孩子的兴趣和爱好,鼓励他去努力探索,这为达尔文能写出《物种起源》这一巨著打下了坚实的基础。

有一次,小达尔文和妈妈到花园里给小树培土。妈妈说:"泥土是个宝,小树有了泥土才能成长。别小看这泥土,是它长出了青草,喂肥了牛羊,我们才有奶喝,才有肉吃;是它长出了小麦和棉花,我们才有饭吃,才有衣服穿。泥土太宝贵了。"

听到这些话,小达尔文疑惑地问:"妈妈,那泥土能不能长出小狗来?""不能呀!"妈妈笑着说,"小狗是狗妈妈生的,不是泥土里长出来的。"

达尔文又问:"我是妈妈生的,妈妈是姥姥生的,对吗?""对呀!所有的人都是他们的妈妈生的。"妈妈和蔼地回答他。"那最早的妈妈又是谁生的?"达尔文接着问。"是上帝!"妈妈说。"那上帝又是谁生的呢?"小达尔文"打破砂锅问到底",妈妈答不上来了。她对达尔文说:"孩子,世界上有很多事情对我们来说是个谜,你像小树一样快快长大吧,这些谜等待你去解开呢!"

在达尔文七八岁时,他在同学中的"人缘"很不好,因为同学们认为他经常"说谎"。比如,他捡到了一块奇形怪状的石头,就会煞有介事地对同学们说:"这是一枚宝石,可能价值连城。"同学们哄堂大笑,可是他却并不在意,继续对身边的东西发表类似的"另类"看法。还有一次,他向同学们保证说,他能够用一种"秘密液体",制成各式各样颜色的西洋樱草和报春花。但是,他从来就没有做过这样的实验。久而久之,老师也觉得他很爱"说谎",把他的问题反映到达尔文的父亲那里。达尔文的父亲听了，却不认为达尔文是在撒谎，而是认为他那是在想象。

有一次，达尔文在泥地里捡到了一枚硬币，他神秘兮兮地拿给他的姐姐看，并一本正经地说："这是一枚古罗马硬币。"他的姐姐接过来一看，发现这分明是一枚十分普通的18世纪的旧币，只是由于受潮生锈，显得有些古旧罢了。对于达尔文"说谎"，他的姐姐很是恼火，便把这件事告诉了父亲，希望父亲好好教训他一下，让他改掉令人讨厌的"说谎"习惯。可是，父亲听了以后，并没有在意，他把儿女叫过来说："这怎么能算是撒谎呢？这正说明了他有丰富的想象力。说不定有一天他会把这种想象力用到事业上去呢！"

达尔文的父亲还把花园里的一间小棚子交给达尔文和他的哥哥，让他们自由地做化学实验，以便使孩子们的智力得到更好的发展。在达尔文10岁时，父亲还让他跟着老师和同学到威尔士海岸去度过为期3周的假期。达尔文在那里大开眼界，观察和采集了大量海生动物的标本，由此激发了他采集动植物标本的爱好和兴趣。

没有好奇心，没有想象力，就没有今天的"进化论"。而达尔文父母的最成功之处就在于特别注意爱护儿子的想象力和好奇心。

因为大部分人随着年龄的增长、知识的增多，不再像儿时那样对周围环境存有好奇心。小时候，我们认为周围的一切很神秘，总会有些出乎意料的事物等待我们去观察、探索、询问、操作或摆弄。然而，随着时间的流逝，很多人不再对周围事物怀有探索、询问的心理倾向。

我们只有对事物永远充满好奇，才能使自己始终保持一种"初学者"的心态，如饥似渴地汲取知识中的营养成分，进而获取极大的进步。

尽可能从生活中删去"不可能"

许多人常常把"不可能"三个字挂在嘴边，其实，他们根本没有想过要怎么实现，也没有去思考实现的可能，更没有去制订实现的计划和目标，他们只是听到了一个自己不熟悉的事情，就本能地说"不可能"。太多的"这也不可能那也不可能"，让生活变得机械笨拙、死气沉沉。

此时此刻，如果你还在毫无警觉地抱怨，那么，请你安静下来，想一想"不可能"三个字怎么会那么容易就脱口而出。都还没有尝试过的事情，怎么可以那么武断地下结论呢？

罗伯特·巴拉尼是奥地利著名的耳科医生。他幼年的时候患上了可怕的骨结核病，不仅疼痛难忍，还导致他一个膝关节永久地僵硬。家里人都很疼惜他，只祈祷他的后半生能不再受到"病魔"的折磨，也就不要求他在读书方面花费精力了。

可是巴拉尼非常倔强，他不相信一种疾病能让自己成为废物，也不相信自己的未来仅能局限在父亲的农场里。他暗下决心，一定要掌握一技之长，一定要和正常的孩子一样上学读书、深造，然后堂堂正正地站在世人面前。

整整10年，巴拉尼风雨无阻地穿行在学校和家庭之间。无论多么艰难，他都咬着牙，向人展示"我可以"的坚持。29年过去了，这个失去自由行动能力且被人们怜悯的孩子长大了，并且成功进入了医学界，发表了著名的《热眼球震颤的观察》论文，奠定了耳科生理学的基础。为了表彰他的杰出贡献，当今医学探测前庭疾患的试验和检查小脑活动以及与平衡障碍有关的试验，都以罗伯特·巴拉尼的姓氏命名。

巴拉尼用自己的努力，将不可能变成了现实，把自己的名字深深地刻在了人们的脑海中。

事实上，世界上每天都在发生各种令人沮丧的意外，但也同时在创造各种感人的奇迹。如果你的心里存着"我可以"的想法，那么这些代表新思路的想法就会迅速在你的脑中生根发芽，长出嫩枝，帮你去开创新的天地。

也许有人会发出疑问：难道下决心要做，就一定能做得到吗？要是下了决心最后却没有成功，又该怎么办呢？

有这样的疑惑是正常的。但是，试想一下，如果一开始你就放弃了，那么就算机会真的来了，你也无法立即采取行动，如此还谈什么成功？

曾有一穷一富两个僧人，都想去远方求佛。10年后，他们再次相聚。这时，穷僧人早已完成远游，手托玉佛实现了目标；而富僧人则说自己之所以未能远行，是因为每次出门前都会发现准备得不够充分，或天气不好……于是就这样一次次地耽搁了下来，也就延误了时间。

穷僧人微笑着说："如果你的心里有意愿，那些困难就是天上的云，会来也会去；而如果你的心里藏着畏惧，那困难就是移不动的山、填不尽的海，会永远把你阻隔！"

大多数情况下，你所得到的结果和你所选择的态度是一致的。

要么能,要么不能。世界上有很多状态是可以由人控制的,尽管一个人的力量十分微小,但是当你竭尽全力去实现自己的目标时,就一定能爆发出惊人的能量。

　　著名的护理学和护士教育创始人之一佛罗伦萨·南丁格尔,出生于一个富有的家庭,而她本人也是受过高等教育的贵族小姐。南丁格尔从小就着迷于护理工作,并且长期担当庄园周围生病农户的看护者。当她希望成为一个护士,加入到当时只有社会底层妇女和教会修女才会担任的护理工作中,并把这件事情当作自己的终身事业时,遭到了父母的强烈反对和世俗偏见的中伤。但即使面临一些闲言杂语和误会,南丁格尔仍一直觉得自己可以胜任这个工作,不肯做出丝毫让步。

　　南丁格尔总是出现在病患最需要她的地方,尤其是1845年克里米亚战争爆发后,她率领38名护士奔赴枪林弹雨的前线,加入病患的护理工作。此刻的南丁格尔完全脱离了贵族小姐的娇弱,她不仅表现出非凡的组织才能,还给予了病患无微不至的关怀,帮助医生进行手术,减轻病人的痛苦。

　　每一天,她都要工作20多个小时。夜间,她总是提着一盏小小的油灯,逐床细心查看病患的情况。因此,她也被士兵们称为"提灯女士"、"克里米亚的天使"。

　　最让人称奇的是,为了取得必要的医药物资,当所有人都不敢打破陈规陋习采取行动时,南丁格尔却带领几个大胆的人,撬开了英国女王仓库门上的锁,并向吓得目瞪口呆的守卫说:"我终于有了我需要的一切。现在请你们把你们所看到的去告诉英国吧,全部责任由我来负!"

美国诗人丁尼生说："梦想只要能持久，就能成为现实。我们不就是生活在梦想中的吗？"那些相信自己可以努力做到的人，有的是为了获得更好的生活、更高的地位、更大的成就，有的则是为了他们的梦想和目标，他们相信自己的能力，也相信自己可以改变很多！南丁格尔用实际的付出，向世人证明了实践理想的可贵，证明了护理工作的重要性。因为相信自己，不仅让南丁格尔改变了命运的轨迹，也让世界为之震动。在她的努力推动下，世界上第一所护士学校成立了，整个西欧以及世界各地的护理工作和护士教育也因此快速地发展起来。

现实生活中，我们总是觉得大环境太差不可能改变、客户太刁钻不可能改变、身体不舒服不可能改变、薪水过低不可能改变……整天牢骚不断，好像"不可能"、"无法改变"已经成为我们终身的印记了。我们总是时刻需要别人的安慰。然而，若是拿我们所面临的困难和南丁格尔当初所遭遇的困难相比，简直就是沧海一粟，不值得一提。那么崇高、伟大的梦想都可以被南丁格尔实现了，还有什么比它更难的？

你可以失去信心和勇气，但你的生活并不会因此而轻松，一旦你开始萌发"我可以"的念头，你就正式迈入了追寻梦想的队伍中，就有可能生活得更好！